"十三五"国家重点图书出版规划

新型职业农民书架　技走四方系列

一本书明白

花生安全高效与规模化生产技术

范永强　主编

山东科学技术出版社　山西科学技术出版社　中原农民出版社
江西科学技术出版社　安徽科学技术出版社　河北科学技术出版社
陕西科学技术出版社　湖北科学技术出版社　湖南科学技术出版社

山东科学技术出版社
www.lkj.com.cn　　联合出版

图书在版编目(CIP)数据

一本书明白花生安全高效与规模化生产技术/范永强主编.—济南：山东科学技术出版社，2018.1
ISBN 978-7-5331-9187-0

Ⅰ.① 一… Ⅱ.① 范… Ⅲ.① 花生－栽培技术 Ⅳ.① S565.2

中国版本图书馆CIP数据核字（2017）第306046号

一本书明白
花生安全高效与规模化生产技术

范永强 主编

主管单位:	山东出版传媒股份有限公司
出 版 者:	山东科学技术出版社
	地址：济南市玉函路16号
	邮编：250002　电话：(0531)82098088
	网址：www.lkj.com.cn
	电子邮件：sdkj@sdpress.com.cn
发 行 者:	山东科学技术出版社
	地址：济南市玉函路16号
	邮编：250002　电话：(0531)82098071
印 刷 者:	山东新华印务有限责任公司
	地址：济南市世纪大道2366号
	邮编：250104　电话：(0531)82079112

开本：787mm×1092mm　1/16
印张：7.5
字数：140千
印数：1～3000
版次：2018年1月第1版　2018年1月第1次印刷

ISBN 978-7-5331-9187-0
定价：38.00元

主　　编 范永强

副主编 贾忠金　李相奎　金桂秀　侯慧敏　范文哲

编　　者（按姓氏笔画为序）

　　　　　王福花　卢　红　刘仕强　刘　刚　刘吉学

　　　　　刘明阳　张西银　崔爱华　窦守众

目 录

单元一 花生对环境条件的要求 ································· 1
 一、土壤条件 ··· 1
 二、矿物营养 ··· 5
 三、气候条件 ··· 11

单元二 花生土壤障碍问题 ·· 15
 一、土壤酸化 ··· 15
 二、土壤盐化 ··· 17
 三、重金属污染 ··· 21
 四、土壤肥力下降 ··· 27

单元三 花生高产栽培 ·· 29
 一、种植模式 ··· 30
 二、优良品种 ··· 43
 三、土壤改良 ··· 54
 四、测土配方施肥 ··· 58
 五、播种技术 ··· 62
 六、花生病虫害最新防治技术 ······················· 65
 七、化学除草技术 ··· 73
 八、田间管理 ··· 79
 九、花生收获 ··· 84

单元四 花生贮藏与加工 ·· 87
 一、花生贮藏 ··· 87
 二、花生加工 ··· 88

单元一
花生对环境条件的要求

单元提示

1. 土壤条件
2. 矿物营养
3. 气候条件

一、土壤条件

（一）土壤质地

花生根系分布较浅，吸收力强，又有根瘤共生，因此花生对土壤条件的要求不甚严格，但以排水良好的轻壤土为宜。这样的土壤透气性好，有利于根瘤菌旺盛活动和荚果的发育，所产生的荚果脉纹浅平、壳面光滑，荚果硕大。当然，在沙性较大的瘠薄田上也能有一定的收获，但若土壤沙性过大，则保蓄水能力差，如不加以改良则难以丰产;黏质土通气性差,渗水力弱,表土容易板结,但若加以改良或采取地膜覆盖技术栽培,则只要保持土壤结构良好,增产潜力很大。

(二)土壤反应

种植花生的土壤,其pH不宜低于6,pH为6.0~6.5的微酸性土壤最适宜,保持或调节土壤pH到适合花生生长的范围是确保花生正常生长和养分有效的关键。

1. 土壤酸碱度(pH)与主要养分有效性的关系

由图1可以看出,对花生生产具有重要意义的氮、磷、钾、钙、钼等营养元素的有效性当pH为6.5~7.5,尤其是7左右时最高。据山东省临沂市农业科学院范永强研究,花生栽培的极限pH可降低到4,但需要施用氰氨化钙(pH>12.0,Ca%: 35%)才能结实良好。山东省部分酸性土壤(日照和临沂等地)通过增施农用微生物有机肥和氰氨化钙,解决了花生酸化危害问题。另一方面,如陕北黄土高原,$CaCO_3$含量约为9%,pH已经达到9以上,增施农用微生物肥料种植花生每亩仍能产300千克。

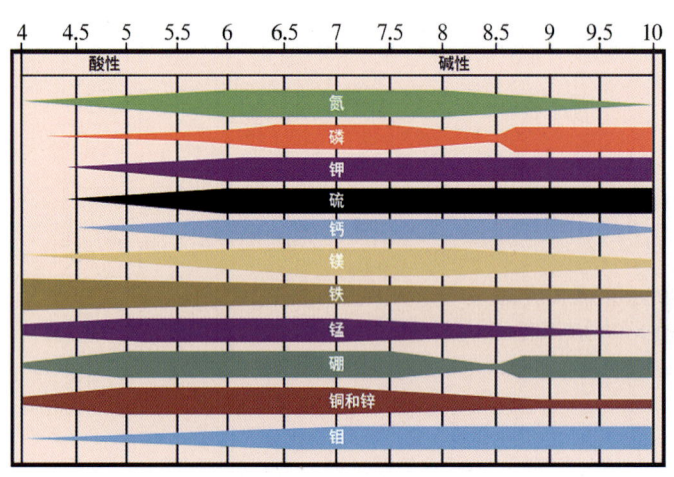

图1 土壤酸碱度对矿物营养吸收性的影响

2. 土壤酸碱度(pH)对花生根瘤菌固氮活动的影响

据研究,花生根瘤菌固氮活动的适宜pH为5.8~6.2。若土壤酸性下降,则花生根瘤菌的数量减少,固氮能力下降,引起后期氮素供应不足,造成花生早衰,严重影响花生的产量。

(三)土壤盐分

花生耐盐性差,据试验,在浓度为0.2%的NaCl溶液中,花生种子的发芽率只有35%,是9种供试作物种子中耐盐性最差的。另据报道,花生在含盐量较高的土壤中,有效交替性阴离子的总量为13毫摩尔/毫升时仍可发芽,但幼苗在出土前便已经死亡,必须使之降低到4才能使大多数幼苗长到成熟，但其植株仍然小于不含盐土壤上生长的。

播种前每亩增施有机质大于45%的抗盐微生物菌剂（微生物菌大于5.0亿/克）80千克，对提高花生抗盐碱性效果显著。

（四）土壤有机质

1. 土壤有机质在土壤肥力中的作用

土壤有机质是花生碳素营养的源泉，花生光合作用中所吸收的二氧化碳主要来自大气，土壤有机质分解所产生的二氧化碳是土壤补充二氧化碳的重要来源。另一方面，有机质含有植物所需要的一切养分，是花生养分的重要来源。土壤中的氮素主要来自土壤有机质，这些有机质一部分经过矿化作用释放出植物可以吸收的氮素，另外一部分经过分解及合成作用而转化成其他有机质贮存在土壤中。土壤中的含磷有机质分解释放出植物可吸收的磷。有机质是一种络合剂，能与难溶性的磷酸盐的盐基进行络合，从而提高磷的可溶性；腐殖质胶体在二、三氧化物表面形成保护膜，减少了磷酸盐的固结，提高了磷的有效性。土壤中的钾虽然以矿物质钾为主，但土壤有机质中的钾仍然是花生钾素营养的重要来源。

2. 土壤有机质对花生的刺激作用

腐殖质和某些低分子有机酸的稀溶液对花生有刺激作用。胡敏酸能够促进还原糖的积累，提高渗透压，从而提高花生的抗旱能力；胡敏酸对花生叶片吸收氧气和叶绿素的合成有重要作用，还能刺激氧化酶的活性，促进种子萌发、吸收养分，并加快花生的生长速度。腐殖质中含有维生素 B_1、B_2、B_6、烟碱酸、激素、吲哚乙酸、抗生素等物质，它们直接影响微生物区系的组成，而且被花生吸收后，可以防治花生病害。

3. 土壤有机质的离子代换作用、络合作用和缓冲作用

有机质的羧基、酚式羟基、烯醇式羟基、亚氨基等都能使有机胶体带负电荷，并具有较强的吸收阳离子的能力。每百克腐殖质的吸收量为150～400毫克当量，这比黏土矿物高4～5倍。土壤中的有机酸能与钙离子、镁离子、三价铁离子等形成稳定的络合物，能提高有机磷酸盐矿物的溶解性，二、三羧基酸与金属离子形成稳定络合物的能力强，有活化土壤微量元素的作用。土壤中的有机质胶体是一种具有多价酸根的有机弱酸，其盐类具有两性胶体的作用，有很强的缓冲酸碱变化的能力。

4. 有机质能改善土壤的物理性质

土壤有机质的黏结力是黏粒的1/12，黏着力是黏粒的1/2，但都大于沙粒。因此施用有机肥料，增加土壤有机质的含量，可以减少黏重土壤的内聚力、改善沙土的物理性能，从而使其可耕性和水、气、热等状况能满足花生良好生长的要求。同时，有机质还有很强的保水性能，一般土壤中所含的有机质吸水率为400%~600%，比黏粒大10倍左右。此外，有机质还具有改善土壤的渗透性、减少水分蒸发等作用，也为花生提供了更多的有效水。

（五）土壤微生物

1. 土壤微生物在土壤中的作用

土壤的形成是从岩石风化物上孕育着生物的时候开始的，而土壤中最原始的生物就是微生物，它们大量繁殖从而积累了有机质。有机质的合成是在微生物的作用下进行的，微生物是有机质合成的先锋。有机质的分解也离不开微生物的作用，由于微生物分解有机质释放养分的作用，地壳中的有限营养元素能反复利用，保证整个植物发育过程对养分的要求，这样就为植物生长创造了条件。因此，土壤有机质的合成与分解是土壤形成的实质。

2. 营养物质的转化作用

花生生长需要的营养物质如二氧化碳和氮、磷、钾等都是有限的，要使这些有限的营养元素最大量地满足供求，主要靠土壤微生物对这些元素进行转化。如碳素，空气中二氧化碳的含量仅为0.03%，要使二氧化碳循环利用，主要靠微生物分解动植物残体，将二氧化碳释放出来补充到大气中。据研究，土壤中的二氧化碳，其中有80%~85%是由微生物分解有机质产生的。同时，土壤中氮素存在的形式主要是含氮有机物，但花生不能直接吸收利用，也要靠微生物的作用，将有机态的氮转化为无机态的氮。再如硫、磷、铁和钾等元素都是花生重要的营养元素，在土壤里要将它们转化为能吸收的状态，主要是在微生物的作用下完成的。

3. 微生物代谢产物的作用

很多微生物在其生命活动中产生维生素、生长素和氨基酸等物质，这些物质有些能被植物直接吸收利用，有些能促进和刺激花生生长。某些微生物分泌的抗生素物质还可以抑制花生病原菌发育，增强花生的抗病性。另一方面，酶是有机体细胞及组织中的特殊物质，它具有生命催化剂的作用，土壤微生物产生的各种酶直接影响土壤有机胶体的质量和数量，从而对土壤肥力产生深刻影响。

二、矿物营养

（一）大量元素

1. 氮

氮是花生体内许多重要有机化合物的主要成分，如蛋白质、叶绿素、酶、纤维素和生物碱等都含有氮。氮可使花生分枝增多，开花多，结实良好。花生为豆科作物，根瘤菌固氮常可以提供花生所需氮素的2/3，下针结实期，花生吸收的80%以上的氮素来自根瘤。根瘤生长不良时，即使施用氮肥也不能完全补偿其功效。当种子内的氮素消耗尽，而根瘤菌尚处于寄生状态时，为花生对氮的敏感期。因此，若幼苗期土壤内的氮肥不足，则影响根的发育和根瘤增生，这时追施少量氮肥对奠定花生丰产的基础有重要意义。氮肥过多特别是硝态氮过多时，则抑制根瘤的形成，降低根瘤菌的固氮能力，显著增加花生植株高度，植株容易徒长，所生产的种子含蛋白质高而油分低。

2. 磷

磷在花生体内的含量除了C、H、O以外，仅次于N、K、Ca。花生体内许多重要的有机化合物中都含磷，即使有些化合物不含磷，但在其形成和转化过程中必须有磷参加。

磷是花生体内细胞的组成成分，存在于染色体中，是细胞分裂和组织发育不可缺少的物质。细胞核和原生质的主要成分是核蛋白，核酸是核蛋白的重要组成成分，磷又是核酸的主要成分，这些物质对花生生长发育和代谢都极为重要。

磷参与花生体内碳水化合物、含氮化合物和脂肪等的代谢过程。在代谢过程中，磷酸转化成许多种含酸的有机化合物，如在碳水化合物中，磷酸将日光转化为光能，合成光合作用的产物——糖。施用磷肥有利于花生体内干物质的积累。

磷参与脂肪和蛋白质的合成。脂肪是由糖转化而来的，需要在磷的参与下进行，施用磷肥对提高花生产量和含油量均有明显的作用。通过比较山东省的6处试验田发现，施磷肥的花生出仁率提高1.95%，粗脂肪增加1.5%，粗蛋白增加4.28%。

磷能提高花生细胞中原生质胶体的水合程度和细胞结构的充水性，增强原生质胶体的持水能力，使水分不容易丧失。磷可以促进花生根的形成，促使花生形成强大的根系，增强抗旱能力。发生阴涝时，充足的磷可以加快植株体内糖分的转化，避免其过多积累，从而生成花青素使叶片变红，提高花生的耐涝性。

合理施用磷肥可增加根瘤的数量和密度，成倍提高固氮能力。据山东省花生研究所分析，施过磷肥的花生田，每亩遗留在土壤中的氮素成10倍地增加，可达1.58~6.85千克。

3. 钾

钾是影响花生产量的三大要素之一，但和氮、磷不同，它不是花生体内有机物的组成成分，钾呈离子状态存在于花生汁液中，或吸附在原生质胶体的表面。钾在花生体内分布很广，尤其在细胞分裂活跃的部位。钾在花生体内的流动性很强，随花生生长向生长最旺盛的部位移动，故幼嫩茎、叶及根尖中的含量最高，而种子中含量最低。

钾的作用在于能使多种酶活化而广泛影响花生生长和代谢；能促进花生对氮肥的吸收和利用，使之较快地转化为蛋白质；能增强花生根瘤菌的固氮作用；能促进碳水化合物的代谢，并加速同化物向贮藏器官运输；能使原生质胶体充水膨胀，提高胶体对水的吸附能力，提高抗旱性；钾能促进茎秆维管束的发育，增强抗倒伏能力；钾能部分消除施用过多的氮肥和磷肥所造成的不良影响，在平衡氮、磷营养方面起重要作用。

花生单株中灰分含钾最多，其中60%~70%是在营养器官中。随着花生生长发育，钾由老组织向新生部位移动。缺钾时植株矮小，老叶边缘变黄，继而叶脉失绿，最后脱落，这时再施钾肥效果也不大。相反，如果施用钾肥过多，尤其是结果层土壤中钾的浓度太高时，会抑制发育中的荚果对钙的吸收，影响产量和品质。如施用钾肥，宜早施或前茬施用，直接施用时应配合钙肥。

（二）中（次）微量元素

1. 钙

钙是构成细胞壁的重要元素，它与蛋白质相结合，是质膜的重要组成成分；钙对碳水化合物的转化和氮的代谢有良好的作用，钙能影响花生体内硝态氮的吸收和利用；钙是某些酶的活化剂；钙离子能降低原生质胶体的分散度，并调节原生质胶体的状态，使细胞的充水度、黏滞度、弹性以及渗透性等适合花生生长，从而阻止养分离子和简单有机物外渗；钙对花生荚果籽仁的有无具有决定性作用，可以与代谢过程中的酸类结合，稳定代谢环境中的pH，保持酶的活性水平，从而使荚果顺利成长。据日本研究报道，荚果膨大的前20天、种子成长的前30天缺钙时果秕；花生生育初期缺钙，荚果内酚氧化酶、过氧化酶的活性降低，使苯酚类物质代谢紊乱，以致荚果产生坏死枯斑。果针入土一个月后，吸收的钙在种子中主要用于中和非丁、脂肪酸和草酸等；钙对保证光合产物由荚壳向种子运输、对种子内脂肪合成的顺利进行有极大作用。

充足的钙可以使花生荚果大而饱满、多仁，并可以提高种子的含油率。有研究认为，花生体内钙的浓度与产量呈正相关。钙离子在花生木质部向上运输，而由叶片通过韧皮部向下运输的能力几乎为零。土壤内过多的钙会使铁被固定，造成花生失绿，反而不利于花生正常生长。

高产花生钙的吸收分配动态与氮、磷、钾的吸收分配动态基本一致，其吸收累积的量随植株的生育进程逐步增加，至饱果成熟期达到最大值，阶段吸收高峰出现在生长最旺盛的结荚期。

花生营养体（根、茎、叶）和生殖体（果针、幼果和荚果）对钙的阶段吸收量有所不同，营养体的吸收高峰在开花下针期，占总钙量的33.4%；生殖体的吸收高峰在结荚期，占总量的57.8%。钙在花针期以后营养体的阶段吸收量开始减少，生殖体的阶段吸收量增多得不是十分剧烈，荚果发育所需要的钙主要由果针、幼果和荚果自身提供，但珍珠豆型品种根系吸收的钙也可以运送到荚果中。种子含钙高于420毫克/克时，发芽率可达89%~94%，低于20毫克/克时胚芽变黑，长出的幼株易死亡。

防治花生空壳新技术

播种前，结合施肥，每亩施用氰氨化钙5~10千克，可有效防治花生空壳。

2. 镁

镁是一切绿色作物不可缺少的中量元素，是叶绿素的组成成分；是许多酶的活化剂，能加强酶的催化作用，有助于促进碳水化合物的代谢；镁参与脂肪代谢，能促进维生素A和维生素C的合成，有利于提高花生品质。镁在植物体内的移动性很强，可向新生组织中转移，一般在幼嫩组织中含量较多，是可以再利用的养分之一。

3. 硫

硫是中量养分元素之一，是构成半胱氨酸、胱氨酸和蛋氨酸的成分，因此是构成蛋白质的重要元素。花生种子含有28%左右的蛋白质。据国外报道，花生叶片内硫的水平与氮的浓度有一定关系，氮为2%~3%时，硫为0.2%；氮为3.0%~3.5%时，硫为0.225%；氮为3.5%~4.0%时，硫为0.25%，氮、硫比约为15:1。硫能刺激根瘤生成，缺硫时结瘤少，但如果过多也抑制结瘤。硫可以改善花生对氮和磷的吸收，也能增加种子的含油率。据国外报道，施用硫酸铵的花生，平均结瘤376个，种子含油量为50.4%，施用氯化铵的则分别为319个和47.8%；施用硫酸钙的分别是386个和51.2%，施用氯化钙的则分别为327个和48.65%。硫还对叶绿素的形成有一定的作用。

4. 硼

硼并不是花生体的组成物质，但对花生的生理过程有特殊作用。硼能促进碳水化合物的运转，同时生长素也需要伴随糖进行运转，因而硼也促进了生长素的运转；硼能促进生殖器官正常发育，花器官含硼量较高，其中柱头和子房最高，能刺激花粉萌发和花粉管伸长，有利于受精和结实；硼有利于蛋白质的合成和花生固氮。据化验，硼集中分布在茎尖、根尖、叶片和花器官中；硼过多会引起中毒，硼中毒时叶片中铁、蛋白质和叶绿素的含量减少。

据试验，花生苗期、开花期和结荚期各喷一次比单喷一次好，有效花多26.9%，根瘤数和荚果数各增加3.7个，饱果指数提高7.3%，每千克的个数少80.4个，出仁率多1.6%，亩增荚果30千克，增产率为17.6%。

5. 钼

钼是硝酸还原酶的组成成分，而作物吸收的硝酸态氮必须在硝酸还原酶的作用下还原，转变为氨才能被同化。同时，钼能增强花生根瘤的固氮作用，增加叶片光合作用的强度，并能消除土壤中活性铝在花生体内积累而产生的毒害作用。

钼肥是高效能肥料，用量少，肥效高。花生施用少量钼肥，幼苗健壮，叶色浓绿，根瘤数量多、发育好，具有明显的增产效果。据试验，用钼肥浸种的花生比对照组早出苗1~2天，主茎增高0.6~3.8厘米，主茎节数增加1.3~2.8节，节间缩短0.23~0.71厘米，单株干重提高20%~100%，根瘤数增加50%~60%，饱果指数提高34.7%~123.9%。

 花生巧施钼肥能增产

增施钼肥主要通过拌种和叶面喷施进行。拌种时，钼酸铵的亩用量为15克，先用少量热水溶解，再用冷水稀释到3%的浓度；和种

子一起搅拌，或把种子摊开，喷洒溶液，翻动种子，晾干后播种。叶面喷施的浓度为0.1%，每次每亩用钼酸铵15克，兑水15千克，搅拌溶解后于苗期和花针期各喷一次。另据试验，不同的施用方法对花生增产的效果不同，拌种加花针期喷施高于拌种，拌种又高于苗期加花针期喷施，苗期加花针期喷施高于花针期喷施，花针期喷施又高于苗期喷施。

6. 锌

锌是植物体内许多酶的组成成分，对光合反应等许多代谢过程有影响；能促进植物生长素的合成，对蛋白质合成有明显的促进作用；能促进碳水化合物的转化和子仁产量的提高，能提高花生籽粒的质量，改善籽粒与茎秆的比率。锌素充足时，花生生长旺盛，株高叶茂，叶面积系数明显增大。如河北农业大学6月20日播种，7月16日考察花生幼苗单株的干重，经锌处理的为1.58～2.00克，比对照组提高1倍以上；至7月26日，经锌处理的单株花量比对照组增加5倍多，荚果产量提高22.37%～35.72%。

7. 铁

铁为合成叶绿素不可缺少的营养元素，是叶绿素的重要成分；铁参与细胞的呼吸作用，是细胞色素氧化酶、过氧化酶的组成成分；铁能由三价铁还原成二价铁，参与植株体内的氧化还原过程；由于铁的活性小，属于不移动性元素，老组织中的铁不能再被新生组织利用。因此，土壤中有效铁缺乏、根系不能及时吸收到铁时，植株下部的老叶片保持绿色，顶部新生嫩叶出现失绿症，新生叶片往往呈现黄白色，它与缺锌造成的黄白小叶症的不同之处是叶片圆大而失绿。据试验，基施或根外追施铁肥增产都十分明显，一般花生施铁肥增产12.5%～18.5%，麦套夏直播花生增产22%～33%。

8. 锰

锰与花生的光合作用、呼吸作用以及硝酸还原作用等都有密切的关系，锰在叶绿素中直接参与光合作用过程中水的光解；锰可以促进花生体内硝态氮的还原，从而提高氮肥的利用率；锰是多种酶的活化剂，能加快碳水化合物代谢，与花生的生长发育和产量有密切关系。

9. 铜

铜是植物体内一些氧化酶的组成成分，如抗坏血酸、多酸氧化酶等；铜对叶绿素有稳定的作用，可以避免叶绿素过早遭受破坏，有利于叶片更好地进行光合作用。

10. 硅

硅是组成植物体的重要营养元素，现在被国际土壤界列为继氮、磷、钾之后的第四大元素。硅具有以下作用：①硅能改良土壤，矫正土壤酸度，提高土壤盐基，促进有机肥分解，抑制土壤病菌。②硅是保健性营养元素，是构筑植物体必需的营养元素，是改善品质的营养元素。③硅使作物的茎叶挺直，减少遮阳，可帮助作物提高光合作用。④硅可使作物表皮细胞硅质化，体内形成硅化细胞，茎叶表层的细胞壁加厚，角质层增加，从而提高防虫抗病能力，特别是叶斑病、茎腐病、锈病等。⑤硅可提高作物抗倒伏的能力，由于作物的茎秆直，抗倒伏能力提高80%左右。⑥硅可提高作物的抗逆性，作物吸收硅产生硅化细胞，能有效地调节叶片气孔开闭，控制水分的蒸腾作用，提高作物抗旱、抗干热风和抗低温灾害的能力。⑦硅可减少磷在土壤中的固定，耕作土壤后施硅肥能活化土壤中的难溶性磷，并促使磷在作物体内运转，从而提高结实率。

硅肥在日本、韩国、朝鲜、美国、澳大利亚、菲律宾、印度、泰国、马来西亚及我国台湾等国家与地区已被大面积推广和使用。近几年，我国在河南、山东、浙江、安徽、湖北、广西、海南、河北、四川等省对硅肥进行了大量试验，结果表明硅肥在花生上应用增产15%～35%。

（三）土壤养分丰缺指标

表1　　　　　　　　土壤养分分级标准（国标）

级 别	1级	2级	3级	4级	5级	6级
养分标准	很丰富	丰富	中等	缺乏	很缺乏	极度缺乏
pH标准	强酸	酸性	微酸性	中性	碱性	强碱性
容重标准	过松	适宜	偏紧	紧实	过紧实	坚硬

表2　　　　　　土壤性质与常规元素养分分级指标（国标）

等级	pH	有机质 %	全氮 %	速效磷 毫克/千克	速效钾 毫克/千克	有效钙 毫克/千克	有效镁 毫克/千克	硫 毫克/千克
1	≤4.5	>4	>0.2	>20	>200	>1000	>300	>30
2	4.6～5.5	3.01～4.00	0.151～0.200	16～20	151～200	701～1000	201～299	16～30
3	5.6～6.5	2.01～3.00	0.101～0.150	11～15	101～150	501～700	101～200	≤16
4	6.6～7.5	1.01～2.00	0.076～0.100	6～10	51～100	301～500	51～100	
5	7.6～8.5	0.61～1.00	0.051～0.075	4～5	31～50	≤300	≤50	
6	8.6～9.0	≤0.6	≤0.05	≤3	≤30			

表3　　　　　　土壤容重与微量元素养分分级指标（国标）

等级	容重	有效铜 毫克/千克	有效锌 毫克/千克	有效铁 毫克/千克	有效锰 毫克/千克	有效钼 毫克/千克	有效硼 毫克/千克
1	≤1	>1.8	>3.00	>20	>30	>0.3	>2
2	1.01～1.25	1.01～1.80	1.01～3.00	10.1～20.0	15.1～30	0.21～0.30	1.01～2.00
3	1.26～13.35	0.21～1.00	0.51～1.00	4.6～10.0	5.1～15.0	0.16～0.20	0.51～1.00
4	1.36～1.45	0.11～1.20	0.31～0.50	2.6～4.5	1.1～5.0	0.11～0.15	0.21～0.50
5	1.46～1.55	/	≤0.3	/	/	≤0.1	≤0.2

表4　　　　　　山东省园地土壤养分丰缺指标（试行）

养分＼指标	缺乏	适宜	丰富
有机质（克/千克）	<10	10～20	>20
全氮（克/千克）	<1	1.0～1.5	>1.5
碱解氮（N）（毫克/千克）	<100	100～150	>150
有效磷（P）（毫克/千克）	<15	15～30	>30
速效钾（K）（毫克/千克）	<80	80～120	>120
交换性钙（Ca）（毫克/千克）	<500（果园）	500～1 000（果园）	>1 000（果园）
		<120（茶园）	
交换性镁（Mg）（毫克/千克）	<60（果园）	60～120（果园）	>120（果园）
	<30（茶园）	30～60（茶园）	>60（茶园）
有效铜（Cu）（毫克/千克）	<0.2	0.2～1.0	>1
有效锌（Zn）（毫克/千克）	<1	1～2	>2
有效硼（B）（毫克/千克）	<0.5	0.5～1.0	>1

三、气候条件

（一）温度

1. 出苗期

花生种子发芽最适温度是25～37℃，低于10℃或高于46℃有些品种不能发芽。花生春播要求地表5厘米处平均地温：早熟品种稳定在12℃以上，中晚熟品种稳定在

15℃以上。

2. 苗期

花生幼苗期最适宜茎枝分生和叶片生长的气温为20~22℃，平均气温超过25℃可使苗期缩短、茎枝徒长、基节拉长，不利于蹲苗。平均气温低于19℃时，茎枝分生缓慢，花芽分化慢，始花期推迟，形成"小老苗"。

3. 花针期

花针期最适宜的日平均气温为22~28℃，低于20℃或高于30℃开花量明显降低，低于18℃或高于35℃花粉粒不能发芽，花粉管不伸长，胚珠不能受精或受精不完全，叶片的光合效率显著降低。

4. 荚果发育期

荚果发育的适宜温度为25~33℃，15℃以下或高于37℃不利于荚果发育。据日本研究，果针入土后21~40天的温度与产量显著相关，此前后无显著影响。荚果发育过程中呼吸旺盛，40℃内每增高10℃呼吸增强1倍，最大呼吸强度发生在42℃左右。

（二）花生的需水特性

花生亩产荚果250千克以上时，耗水约290立方米，因此花生生育期间至少需要降雨300~400毫米。花生各个生育阶段的耗水情况不同，花生播种时需要的适墒是土壤含水量为田间最大持水量（沙土为16%~20%，壤土为25%~30%）的50%~60%，高于70%或低于40%花生都不能正常发芽出苗。因此，北方花生产区播前要耙耢保墒和提墒造墒，南方花生产区多采用高畦种植。

幼苗期植株需水量最少，约占全期总量的3.4%。适当的干旱有利于根系下扎，形成茎节短密的壮苗。据报道，出苗时在土壤含水量为田间最大持水量的55%的情况下，持续20天不浇水和不降雨，0~90厘米土层土壤的含水量降到38.5%时再浇水，开花数与对照（苗期相对含水量保持在50%~55%）并无显著差异，也不影响产量。这时最适宜的土壤含水量为田间最大持水量的45%~55%，低于田间最大持水量的35%时，新叶不展现，花芽分化受抑制，始花期推迟；高于田间最大持水量的65%时，易引起茎枝徒长，基节拉长，根系发育慢、扎得浅，不利于花器官的形成。

开花下针期营养生长与生殖生长并进，需水量逐渐增多，耗水量占全期耗水量的21.8%，最适宜的土壤水分为0~30厘米土层土壤的含水量为田间最大持水量的60%~70%，这时根系和茎枝得以正常生长，开花增多。据山东省花生研究所研究，若土壤水分低于田间最大持水量的40%，则叶片停止增长，果针伸展缓慢，茎枝基部节位的果针也因土壤硬结而不能入土，入土的果针也停止膨大。0～90厘米土层土壤的含水量低于田间最大持水量的32.2%时，有效开花量明显减少，产量显著降低。受干旱影响的程度中熟品种比早熟品种大，饱果期也是如此。如果土壤含水量大于田间最大持水量的80%，则茎枝徒长，根瘤增生和固氮活动锐减。

空气相对湿度对开花下针也有很大影响，当空气相对湿度达100%时，果针伸长量日平均为0.62～0.93厘米；空气相对湿度降至60%时，果针伸长量日平均仅为0.2厘米；空气相对湿度低于50%时，花粉粒干枯，受精率明显降低。

花生耗水强度最大的时期为结荚期，日耗水量可达到5毫米，期间田间最大持水量宜为70%～80%，低于60%即影响结实。荚果的大小适宜时，即使结实层土壤水分偏低，但若生根层土壤水分适宜，荚果也可正常充实。因为花生下针结实需要持续一段时间，所以开花后的50天内，荚果陆续成长阶段对土壤干旱最敏感。也有试验指出，在土层深厚、植株生长茂盛的条件下，若此期早晨至中午叶片萎蔫、清晨能恢复正常，则生长虽然受阻，但荚果并不减产。

若水分过多，则会促使营养生长过旺，而田间渍水对叶片和分枝的增长都起到抑制作用，叶绿素显著减少，净同化率下降，开花减少。水分状况适宜也有利于种子产油率的提高，成熟期渍水对油分的合成不利，种子含油量显著下降。

（三）空气

花生种子发芽出苗期间呼吸代谢旺盛，需氧量较多，而且从种子发芽到出苗需氧量逐渐增多。据测定，每粒种子萌发第一天的需氧量为5.2微升，至第八天需氧量增至615微升，增加100多倍。因此土壤水分过多、土壤板结或播种过深引起窒息，都会造成烂种而影响全苗壮苗。在生产上播前浅耕细耙保墒、播后遇大雨排水划锄松土，都是为了创造花生种子发芽出苗所需要的氧气条件。

（四）光照

花生原产于热带、亚热带地区，属于短日照作物。据试验，在适宜的温度条件下，每日给以10小时的光照，可以较14小时的提前开花。但花生对日照长度不敏感，每天6～24小时都能开花。每日最适的日照时数为8～10小时，日照时数多于10小时时，茎枝徒长，花期推迟；少于6小时时，茎枝生长迟缓，花期提前。

光照强度对花生的生长影响明显，弱光照可以使侧茎顶端产生更多乙烯，从而使其生长更趋于直立，长出的叶片较大，植株较高；光照不足时，干物质积累减弱，开花量减少，固氮菌的固氮能力降低，影响荚果及其种子产量。光照充足，尤其是丛间CO_2

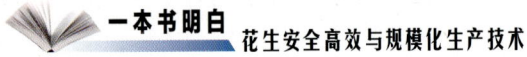

的供应提高时,根瘤的数量和质量都会提高。

花的开放对光照强度更敏感,早晨或阴雨天光照强度少于815坎德拉/平方米时开花时间推迟。光照强度在2.1万~6.2万坎德拉/平方米的幅度内,叶片的光合效率随光照强度的增加而提高,大于6.2万坎德拉/平方米时光合效率有所降低。花生要求的光照强度变幅较大,最适的光照强度为5.1万坎德拉/平方米,小于1.02万坎德拉/平方米或大于8.2万坎德拉/平方米都影响叶片的光合效率。

单元二
花生土壤障碍问题

单元提示

1. 土壤酸化
2. 土壤盐化
3. 重金属污染
4. 土壤肥力下降

一、土壤酸化

（一）当前花生土壤酸化状况

根据氢离子（H^+）在土壤中存在的方式，土壤酸度分为活性酸度和潜性酸度。土壤溶液中的氢离子（H^+）浓度为活性酸度，由土壤胶体所吸附的氢离子（H^+）或铝离子（Al^{3+}）引起的酸度为土壤潜性酸度。土壤酸性（pH）对农作物生长非常重要，适宜大多数农作物生长的土壤pH为7或略小于7。

在自然条件下土壤酸化是一个相对缓慢的过程，土壤pH每下降一个单位需要数百年甚至上千年。而我国自20世纪80年代初以来，几乎所有土壤类型的pH下降了0.2~1.0个单位，平均下降了约0.6个单位，并且在南方地区更为严重。据研究，我国经济作物体系土壤酸化比粮食作物体系更严重，局部地区的pH已经下降到5以下。据山东省莒南县农业局土肥站测定，至2011年，全县耕地的土壤pH变化范围在4.6~7.7之间，标准误差为0.54，变异系数为0.1，众数为5.6。全县3级（pH为6.5~7.5）水平的土壤占总耕地面积的1.2%，4级（pH为5.5~6.5）水平的土壤占总耕地面积的55.87%，5级（pH为4.5~5.5）水平的土壤占总耕地面积的42.93%，全县土壤pH水平为弱酸性或酸性，有酸化的趋势。即使是抗酸化的土壤类型如盐碱地，也显示其pH在下降，像这种幅度的下降，在我国30年的时间就实现了。据有关资料报道，我国土壤酸化的面积已占国土面积的40%以上，比20世纪80年代增加了一倍多。

（二）土壤酸化的原因

尽管土壤酸化主要由酸雨引起，但受耕作活动的影响也很大，特别是施肥，过量施用氮肥是另一个根源。据研究，后者是中国土壤酸化的主要原因。数据显示，中国氮肥的消费量已经从1981年的1 118万吨增长至2011年的3 420万吨，增长了2倍多，国家刺激粮食生产的政策和千家万户小地块式的分散经营生产是国内氮肥消费一直增长的主要原因，也与大量施用硫基、氯基、硝基等无机生理酸性肥料有很大的关系。图3是长期（17年）施用不同形态的氮肥，每公顷施用纯氮80千克，在年降雨1 100毫米的情况下对土壤酸碱度的影响。

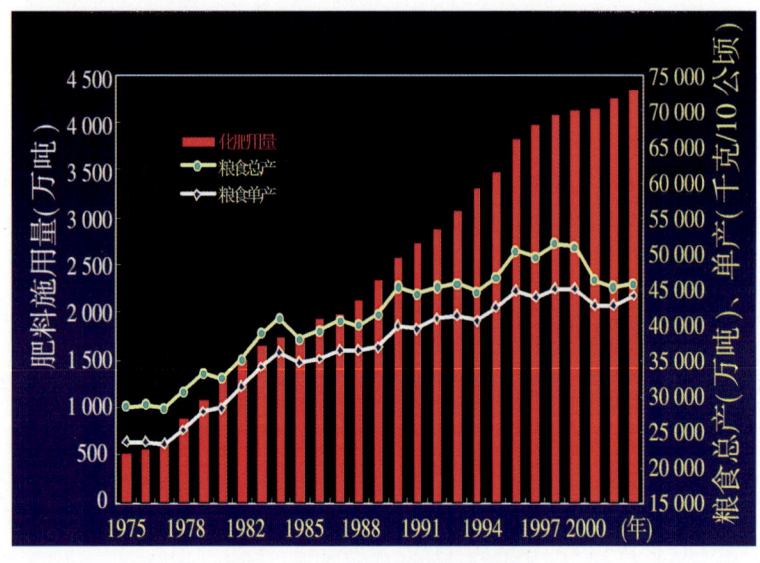

图2　我国化学肥料施用情况

单元二 花生土壤障碍问题

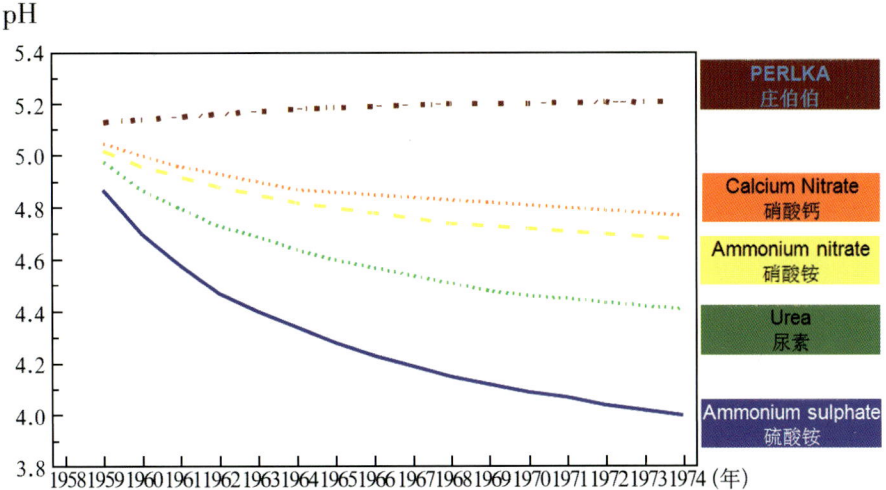

图3 不同肥料对土壤酸化的影响

另一方面，大量施用没有腐熟的精有机肥如鸡粪、鸭粪等，在有机肥腐熟的过程中，微生物呼吸和有机物分解释放出的二氧化碳溶于水形成碳酸，有机质嫌气分解过程中也会产生少量有机酸。因此，我国农业最近30年的高投入生产加速了土壤酸化的进程。

二、土壤盐化

（一）我国土壤盐化状况

土壤盐化是指土壤在自然和人为的作用下，土壤表层盐分（包括K^+、Na^+、Mg^{2+}、Ca^{2+}、NH_4^+等）的含量不断增加，以致超过某一限度的地质过程和现象。研究表明，当土壤含盐量达到土壤干重的0.3%~1.0%时，农作物产量就减少到正常产量的1/10~1/30。因为土壤盐化对农业生产的危害很大，所以土壤盐化是土壤退化的一种表现。目前我国土壤盐化比较重的地区主要是北纬33°以北的干旱和半干旱地区，盐化速度较快的省份是山东省，每年平均扩展664.2公顷，其次是黑龙江。

（二）土壤盐化的原因

土壤可溶性盐分增加的主要来源有以下几个方面：

（1）气候条件：在干旱和半干旱的条件下，没有足够的降雨，不能有效淋溶土壤中的可溶性盐分，导致可溶性盐分在土壤表层积累而成为盐土；另一方面，强烈的蒸发作用引起土壤深层的盐分随土壤毛细管水上升到土壤表面，表土盐分含量增加

2~20倍。

(2)矿物风化的释放：由于生物的活动，土壤中的CO_2分压提高，H_2CO_3、HCO_3^-和CO_3^{2-}的溶解量增多。

(3)灌溉水：地下水是现在土壤积盐的主导因素，它是不同来源的盐分的重要载体，土壤的积盐量和盐分组成与地下水的矿化度和盐分组成有密切的关系。同时，农作物大水灌溉，降低了土壤的透气性，影响了水对土壤盐分的淋溶作用，提高了土壤表层水溶性盐分的含量。

(4)施肥：

①化学肥料对土壤盐化的影响。农业生产中施用的许多化学肥料，包括氮素肥料（硝酸铵、硫酸铵、尿素等）、磷素肥料（如磷酸一铵、磷酸二铵、过磷酸钙等）和钾素肥料（如硫酸钾、氯化钾等）都是可溶性盐，只要施用就会引起土壤可溶性盐分的含量增加。不同肥料因为所含的离子不同，对土壤盐化的程度也不同。

表5　　　　　　　　不同化学肥料对土壤盐化的影响

肥料	盐分指数
硝酸铵	105
石灰	61
硫酸铵	69
庄伯伯	31
硝酸钙	65
硝酸钠	100
37%氮溶液	78
硝酸钾	74
氯化钾	116
尿素	75

②常见的畜禽粪肥等有机肥对土壤盐化的影响。畜禽配合饲料中都加入了一定量的食盐、微量元素（铜、锌和重金属砷、铬、铅、镉等），食盐不是畜禽生长的必需元素，因此食盐和许多未被畜禽吸收的微量元素积累在畜禽粪便中被排出（表6）。故以畜禽粪肥为主要原料的有机肥含盐分较重，会给土壤带来盐化。

表6　　　　　　　　　猪摄取的饲料及其粪尿中微量元素的含量

样　品	A			B			C		
微量元素	铜	锌	砷	铜	锌	砷	铜	锌	砷
喂猪量（克）	249	416	3.86	451	581	2.71	369	507	3.12
粪尿排出量（克）	180	382	3.88	343	561	4.22	292	489	4.45
排出量/摄取量（%）	72.2	91.7	100.5	76.1	96.6	155.7	79.2	96.5	142.7

据英国 Unwin 研究（表7），摄取高铜饲料的猪排出的粪便样品中所含的铜量为 600～900 毫克/千克干物质。若在沙土上连续3年每公顷灌溉1 800立方米的猪场废水，则其土中所含的铜量有积累效应，但当深度深于45厘米后，此种差别就消失。

表7　　　沙质土地上连续3年施猪粪后土壤中铜的积累量（EDTA Cu：mg/kg）

土壤层	对照组	每年每公顷施1 800立方米猪场废水
表　层	3.3	109
0～5厘米	1.9	23.3
5～15厘米	1.4	3.8
15～30厘米	1.0	1.5
30～45厘米	0.5	0.7
45～60厘米	0.5	0.5

（三）土壤盐化对花生生长的影响

盐渍土上花生生长障碍主要是由盐分浓度过高引起的。由于淋溶作用较弱，大量水溶性盐分存留于根层土壤中，如含有高浓度的 K^+、NH_4^+、Na^+、Ca^{2+}、Mg^{2+}、Zn^{2+}、Cu^{2+} 等，它们可通过不同的方式影响植物生长。

1. 降低水分的有效性

离子浓度影响溶液的渗透势，当土壤溶液中盐分的含量增加时，渗透势也随之增高，而水分的有效性，即水势却相应降低，使花生根系吸水困难，即使土壤含水量并未减少，也可能因盐分过高而造成植株缺水，出现生理干旱现象。这种影响的程度取决于盐分含量和土壤质地，在土壤含水量相同的条件下，盐分含量越高，土壤越黏重，土壤水分的有效性越低。

花生体内盐分过多会增加细胞汁液的渗透压，提高细胞质的黏滞性，从而影响细胞扩张。因此，在盐渍土上生长的植株一般都比较矮小，叶面积也小，使得叶绿素相对浓缩，表现为叶色深绿。

花生体内水分的有效性降低会影响蛋白质三级结构的稳定，降低酶的活性，从而抑制蛋白质的合成。

2. 单盐毒害作用

在离子浓度相同的情况下，不同种类的盐分对花生生长的危害程度不同。盐分种类之间的这种差异与各种离子的特性有关，属于离子单盐毒害作用。在盐渍土中，若某一种盐分浓度过高，则其危害程度比多种盐分同时存在要大。例如，向 NaCl 浓度相同的培养液中加入不同浓度的 $CaCl_2$，就其渗透压来说，随着 $CaCl_2$ 浓度的增加而提高，但花生的长势，特别是根系的生长却愈来愈好。

据英国 Unwin 研究（表8），如果土壤的 pH 为6.5，则所有作物都可以容忍土中含70毫克 EDTA 铜/千克（EDTA 铜指可被 EDTA 抽取的铜，亦即可被吸收的铜）；如果土壤中所施的铜量（外加人工肥料中的铜）增加，则导致玉米产量降低，主要是由磷的吸收量减少而引起。而磷的吸收量减少导致植物根系生长不良，以致植物无法正常生长。

表8　　　　玉米施铜量和产量、化学成分之间的关系

土壤	施铜量（毫克/千克）	干物质产量（克）/盆	干物质含量						磷摄取的相对值
			有机氮（毫克）	硝态氮（毫克）	磷酸根（毫克）	钾（毫克）	铜（毫克）	锰（毫克）	
黄土	0	95.7	935	24	96	714	4.5	86	1
	40	93.3	941	19	98	727	8.7	125	0.99
	80	88.1	1010	20	84	726	11.9	161	0.81
	120	50.0	1605	247	89	968	23.7	254	0.48
	160	16.1	1846	560	61	1007	36.2	303	0.11
沙土	0	71.3	1096	40	97	601	2.9	355	1
	100	68.1	1153	36	91	641	7.6	393	0.90
	200	59.3	1217	60	78	655	10.6	460	0.67
	300	47.1	1321	89	61	699	14.2	486	0.42
	400	26.9	1538	141	53	708	16.0	481	0.21

据范永强研究，在棕壤土上种植花生，土壤pH为5.5时，如果土壤中所含的铜量（外加人工肥料中的铜）增加10倍以上，则主要影响花生对磷和铁的吸收。磷的吸收量减少导致花生根系生长不良，以致花生无法正常生长；而铁的吸收量减少会导致花生叶绿素的合成受阻，以致花生不能进行正常的光合作用，因此会严重影响花生正常生长，甚至导致花生死亡。

3. 破坏膜结构

高浓度的盐分，尤其是钠盐会破坏根细胞原生质膜的结构，引起细胞内的养分大量外溢，造成植物养分缺乏。受盐害的植物电解质外渗液的主要成分是K^+，因此会导致植物严重缺钾。植物体内钠含量过高时，会抑制膜上排钠泵的功能，导致钠不能及时排出膜外。

4. 破坏土壤结构，阻碍根系生长

高钠的盐土，其土粒分散度高，易堵塞土壤孔隙，导致气体交换不畅，根系呼吸微弱，代谢作用受阻，养分吸收能力下降，造成营养缺乏。在干旱地区，因结构遭到破坏，土壤易板结，根系生长的机械阻力增强，造成植物扎根困难。

三、重金属污染

（一）我国土壤重金属污染的现状

重金属污染是指由重金属或其化合物造成的污染。我国受重金属污染的土壤面积达2 000万公顷，约占总耕地面积的1/5，因工业"三废"和农业面源污染而引起的重度污染农田近350万公顷，使粮食每年减产100亿千克。有资料显示，华南地区有的地区（市）有50%的耕地遭受镉、砷和汞等有毒重金属和石油类的污染；长江三角洲地区有的地区（市）连片农田受镉、铅、砷、铜和锌等多种重金属的污染，致使10%的土壤基本丧失生产力。

（二）引起土壤重金属污染的主要原因

1. 工业"三废"

工业"三废"是指工业生产排放的废气、废水和废渣。工业"三废"中含有多种有毒、有害的物质，若不经妥善处理而排放到环境（大气、水域、土壤）中，超过环境自净能力的容许量，就会对环境产生污染，破坏生态平衡和自然资源，影响工农业生产和人民的身心健康。

2. 生活污染

生活污染源是指人类生活产生的污染物发生源，主要包括生活用煤、生活废水和生活垃圾等污染源，主要是由城市规模扩大、人口越来越密集造成的。

3. 农业污染

农业污染主要是农药污染。我国是农药生产和使用大国，近年来我国农药的总使用量达130余万吨（成药），平均每亩使用接近1千克，比发达国家高出一倍，并且在土壤中农药的残留量一般高达50%～60%。农药进入土壤的途径主要有直接进入土壤（如除草剂、拌种剂和防治地下害虫用的杀虫剂）和间接进入土壤（如防治病虫草害喷洒于农田的各类农药，有相当一部分落在土壤表面；农药随大气沉降、灌溉水和动植物残体而进入土壤）。

农药污染农业生态环境的原因，从历史原因来看，主要是我国以前使用的农药都是广谱、灭杀性强和持效期长的品种，尚未重视其对生态环境的影响。在管理方面侧重对农药质量及药效的监督，缺少农药安全性评价和农药毒性监测，造成高毒、高残留农药的使用量长期占我国农药总量的60%以上，严重污染农业生态环境。另外，有些农民环保意识差，在使用技术上单纯追求杀虫、杀菌和杀草效果，擅自提高使用浓度，甚至提高到规定浓度的两三倍，导致直接接纳农药和间接接纳植物残体的表面土层中农药大量蓄积，形成一种隐性危害。同时在土壤中残留期长的农药残留物质对后茬作物也造成污染，如20世纪80年代使用的六六六现在仍可在土壤中测出来。这些农药将直接污染土壤和作物，还会通过食物链进入人体，导致人体生理过程的致命恶变。

我国现阶段为了养活日益增多的人口，不得不在短期内最大限度地提高农业产量，结果是过度利用了土壤表层土这种"可更新"资源，引起我国农业土壤的生态环境总体趋于恶化，农业生产与食品安全受到严重影响。

（三）土壤重金属污染的危害

重金属污染的危害程度取决于重金属在环境和生物体中存在的浓度和化学形态。重金属污染与其他有机化合物污染不同，不少有机化合物可以通过自然界本身净化，使有害性降低或解除，而重金属具有富集性，很难在环境中降解。

1. 重金属污染的分类与来源

(1) 重金属污染的分类：重金属污染主要有镉(Cd)污染、铬(Cr)污染、镍(Ni)污染、铅(Pb)污染、砷(As)污染、汞(Hg)污染、铜(Cu)污染和锌(Zn)污染等。

(2)重金属污染的来源：

①镉（Cd）污染主要来源于电镀、采矿、冶炼、燃料、电池和化学工业排放的废水等。用含镉0.04毫克/升的水灌溉时，土壤和稻米受到明显污染，农业灌溉水中含镉0.007毫克/升即可造成污染。

②铬（Cr）污染主要来源于劣质化妆品原料、皮革制剂、金属部件镀铬部分、工业颜料以及鞣革、橡胶和陶瓷原料等。

③镍（Ni）污染主要来源于镍矿石冶炼及冶炼钢铁过程中镍及其化合物的排放，主要为不溶于水的硫化镍（NiS）、氧化镍（NiO）和金属镍粉尘等，随气流进入大气成为大气中的颗粒物。镀镍工业、机器制造业和金属加工业的废水中常含有镍，常用碱法处理工业废水，使其生成氢氧化镍[$Ni(OH)_2$]沉淀而清除掉。镍可在土壤中富集形成镍污染。

④砷（As）污染主要来源于采矿、冶金、化学制药、玻璃工业中的脱色剂、杀虫剂、灭鼠剂、砷酸盐药物、化肥、硬质合金和皮革等。

⑤汞（Hg）污染主要来源于汞矿开采、冶炼加工、混汞法提金、土法冶锌、汞法制碱、仪表厂、食盐电解、贵金属冶炼、化妆品、照明用灯和齿科材料以及燃煤等。

⑥铅（Pb）污染主要来源于各种油漆、涂料、蓄电池、冶炼、五金、机械、电镀、化妆品、染发剂、釉彩碗碟、餐具、燃煤、膨化食品和自来水管等。铅对水生生物的安全浓度为0.16毫克/升，用含铅0.1~4.4毫克/升的水灌溉水稻和小麦时，作物中铅含量明显增加。

⑦铜（Cu）污染主要来源于铜矿开采、冶炼加工、金属加工、机械制造、钢铁生产和养殖业的粪便排放等。冶炼排放的烟尘是大气铜污染的主要来源。

⑧锌（Zn）污染主要来源于锌矿开采、冶炼加工、机械制造、镀锌、仪器仪表、有机物合成和造纸等工业的排放以及动物粪便的排放等。

2.重金属污染对花生生产的危害

(1)对土壤微生物的危害：研究表明，每种重金属对土壤微生物生物量的影响都有一个临界浓度，例如只有当镉（Cd）、锌（Zn）、铅（Pb）分别达到30微克/克、450微克/克、150微克/克时，土壤中的微生物生物量才会明显下降（土壤利用类型也会使重金属对土壤中的微生物生物量产生不同影响）。在土壤中加入微量的镉（Cd），能使土壤中的细菌数目由每克土4.8×10^7个减少为2 000个。当土壤中铜（Cu）、锌（Zn）的浓度为欧盟标准的2.5倍时，会使微生物生物量下降40%；而当土壤中镉（Cd）、镍（Ni）

的浓度分别达到欧盟标准的2倍和2~3倍时，微生物生物量没有明显变化。连续施用含有大量重金属的污泥，即长期被重金属污染的土壤，微生物生物量有下降的趋势。在被污染的矿区土壤中，靠近矿区的土壤微生物生物量明显低于远离矿区的土壤微生物生物量，并且距离矿区越近，微生物生物量的下降幅度越明显。杨济龙等的研究表明，蔬菜土壤中的微生物生物量与重金属浓度呈负相关。

重金属污染多为复合污染，在复合污染的土壤中，当重金属总量达658毫克/千克时，土壤微生物生物量仅为对照的32%；当重金属量达到3 446毫克/千克时，土壤微生物生物量为对照的22%，而且土壤微生物量碳与土壤有机碳的比值较对照下降35%。

蔡信德等的研究表明，某些微生物的必需微量元素镍（Ni）的浓度略高于正常值，便成为一种极毒元素。

各类菌对重金属的敏感程度不同，对污染的耐性也不同。同种金属对不同种类微生物的影响也不同，许炼烽的研究表明，镉（Cd）主要对真菌有抑制作用，其次是细菌；砷（As）对几种有益土壤微生物影响的纯培养试验表明，三价砷（As^{3+}）为5 ppm、五价砷（As^{5+}）为10 ppm时，对土壤固氮细菌（花生根瘤菌、大豆根瘤菌、紫云英根瘤菌、含脂刚螺菌、圆褐固氮菌）、解磷细菌（大芽孢杆菌、枯草杆菌）及纤维分解菌（木霉）均有抑制作用，其中三价砷（As^{3+}）的抑制作用尤为明显。不同菌种对砷（As）的敏感性不同，紫云英根瘤菌和花生根瘤菌对亚砷酸钠敏感，木霉和大芽孢杆菌对砷酸氢二钠敏感。镉（Cd）、铜（Cu）、铅（Pb）和铬（Cr）对大芽孢杆菌和枯草杆菌均有明显的抑制作用，其中对大芽孢杆菌的抑制作用更为显著，低浓度的镉（Cd）对枯草杆菌有刺激作用。

土壤被砷（As）污染后，土壤呼吸强度降低，其CO_2的产量与土壤细菌总数呈正相关关系。

重金属不仅影响微生物的生物量，而且对微生物的多样性也有明显影响。研究表明，在农田土壤中，锌（Zn）含量超标会大大降低土壤微生物的多样性，一般表现为真菌＞细菌＞放线菌。国外研究结构通过对DNA进行分析，检测被镉（Cd）污染及无污染的土壤中微生物的组成。结果发现，被镉（Cd）污染的土壤中可以培养的微生物数量减少，但分离出抗性微生物，其中假单胞菌随镉浓度的提高，其抗性也提高。土壤被锌（Zn）、铅（Pb）污染后，对固氮菌、纤维分解菌和木霉菌等起抑制作用，但耐性较强的大豆根瘤菌比无污染和污染较轻的土壤多。在铜（Cu）浓度高的土壤中，由于其对微生物的损伤有长期性，微生物的群落结构发生了变异，高浓度铜（Cu）存在的时间越长，这种改变越明显。

重金属会导致土壤微生物呼吸强度的一系列变化,据研究,随着土壤中铜(Cu)浓度的上升,土壤微生物的呼吸速率迅速上升,同时铜(Cu)还会影响微生物对能源碳的利用。通过试验,用不同浓度的铜(Cu)处理后,土壤中有机氮素的矿化作用、固氮作用、硝化及反硝化作用均受重金属污染的影响。固氮作用与重金属浓度呈显著负相关,且低浓度重金属污染的土壤中微生物的固氮量是高浓度污染土壤的10倍。

(2)对花生生长发育的危害:在相同的土壤条件下,通过大田种植和室内检测分析,对花生植株不同器官中铜(Cu)、锌(Zn)、铅(Pb)、镉(Cd)和铬(Cr)重金属元素的吸收、富集与转运规律进行研究。结果表明,供试的8个花生品种中,根系和茎叶中铜(Cu)、锌(Zn)、铅(Pb)和镉(Cd)的含量存在显著性差异,籽仁中铜(Cu)、锌(Zn)、铅(Pb)、镉(Cd)和铬(Cr)的含量存在显著性差异,果壳中铜(Cu)、锌(Zn)和镉(Cd)的含量存在显著性差异;供试的8个花生品种中,籽仁中镉(Cd)的含量均超过了农业部无公害花生镉(Cd)的卫生限量标准(≤0.05毫克/千克)。花生植株各器官对重金属的平均生物富集量由大到小的顺序如下:根系和果壳为锌(Zn)、铜(Cu)、铬(Cr)、铅(Pb)和镉(Cd),茎叶和籽仁为锌(Zn)、铜(Cu)、铅(Pb)、Cr和Cd。花生植株各器官的平均转运系数由大到小的顺序如下:茎叶为铅(Pb)、锌(Zn)、镉(Cd)、铬(Cr)和铜(Cu),籽仁为锌(Zn)、铜(Cu)、镉(Cd)、铅(Pb)和铬(Cr),果壳为铬(Cr)、铜(Cu)、锌(Zn)、铅(Pb)和镉(Cd)。

采用实验室培养,研究不同浓度的Cd^{2+}处理对花生幼苗生长和部分生理特性的影响。结果表明,不同浓度的Cd^{2+}对花生幼苗株高和根长的抑制影响是显著的,不同浓度的Cd^{2+}对花生幼苗生物量的影响是显著的,对地上部分的毒害作用与对地下部分的毒害作用相当。当Cd^{2+}的浓度为0.25毫克/升时,对花生幼苗全株生物量的生长有促进作用,但随着浓度的增加,对其生长的抑制作用不断增加。不同浓度的Cd^{2+}对株高的影响基本与对全株生物量的影响一致。花生幼苗叶绿素的含量以及叶绿素a、b的比值在用0.25毫克/升的Cd^{2+}处理时达到峰值,随着Cd^{2+}浓度的增加,叶绿素的含量下降,短时间的低浓度Cd^{2+}胁迫对花生幼苗叶绿素a和叶绿素b的合成有刺激效应。

镉(Cd)对花生根系的毒害作用主要是镉(Cd)能损伤根尖细胞的核仁,抑制核糖核酸酶的活性;抑制硝酸还原酶的活性,影响花生根系在土壤中对营养元素的吸收,减少根部对硝酸盐的吸收和向地上部的转运;抑制根部Fe^{3+}还原酶的活性,引起Fe^{2+}亏缺,导致叶片内叶绿素的含量降低,叶绿体的结构发生变化,从而影响花生的正常光合作用。

据研究，用低浓度的铬（Cr）和铜（Cu）溶液浸种能够提高花生种子的发芽指数和活力指数。当铬（Cr）和铜（Cu）的浓度达到50毫克/升和300毫克/升时，则能降低发芽指数，抑制种子的活力，其浓度越高，抑制作用越明显。

不同浓度的二价铅（Pb^{2+}）和二价汞（Hg^{2+}）均能使可溶性糖在花生叶片内积累，并且随着重金属胁迫浓度的增加，可溶性糖的含量逐渐增加，随胁迫时间的延长而逐渐下降。可溶性蛋白质的含量随着重金属胁迫浓度的增加逐渐下降，但随着胁迫时间的延长，蔓花生叶片内可溶性蛋白质的含量逐渐上升。说明逆境下，蔓花生通过调节体内代谢物质的水平来调节细胞的渗透势，以维持细胞的膨压，防止细胞大量被动脱水，从而减少环境胁迫对细胞的伤害。Pb^{2+}和Hg^{2+}胁迫可诱导膜脂过氧化，使MDA的含量随着重金属浓度的增加逐渐上升，但是随着处理时间的延长而逐渐下降。蔓花生受到胁迫时膜脂受到损害，但在胁迫期内，蔓花生调动了体内的保护机制使细胞的受害程度减轻。处理后，蔓花生叶片中POD、SOD的活性随着胁迫浓度的增加逐渐上升，但是随着时间的延长，POD的活性先升高后下降；SOD的变化有所不同，用二价铅（Pb^{2+}）处理时SOD的活性先上升后下降，用Hg^{2+}处理时SOD的活性逐渐下降。说明逆境能够刺激蔓花生膜保护酶的活性，增强自身的解毒能力。通过分析测定的各项生理指标，发现蔓花生在二价铅（Pb^{2+}）和二价汞（Hg^{2+}）的胁迫下各项生理指标表现出积极反应，在二价铅（Pb^{2+}）和二价汞（Hg^{2+}）的浓度达到三级土壤污染的环境下仍能够正常生长，且能够适应二价铅（Pb^{2+}）浓度为700毫克/千克、二价汞（Hg^{2+}）浓度为3毫克/千克的超标胁迫。采用石蜡切片法对蔓花生不定根的发生进行研究，发现蔓花生的不定根发生于皮层的薄壁细胞，皮层中部的几层细胞脱分化形成分化的细胞群，这些脱分化的细胞极易吸收染料番红，其部位被染成深红色。脱分化的细胞逐渐分裂并且扩大范围，分化出根的基本结构，其维管组织逐渐发生，与茎的维管组织相连。

花生用高浓度的镉处理时，产量随镉处理浓度的增加而降低；籽实中镉（Cd）的含量随土壤中镉（Cd）的含量的增加而显著增加（$P<0.05$）；土壤中镉（Cd）的浓度较低时，花生籽实更易富集镉（Cd）。花生受镉（Cd）胁迫后，籽实的亮氨酸含量受镉（Cd）的影响较为严重，氨基酸的组成比例在处理剂量较低时未受影响。受镉（Cd）污染的花生籽实，其蛋白质是络合镉的主要营养部位，镉的含量远高于食品中镉（Cd）的限量值0.2毫克/千克，而脂肪中镉的含量甚微。因此，供试花生的籽实不能作为人体植物蛋白的来源，但可以作为人体食用油脂的来源。

四、土壤肥力下降

(一)土壤有机质含量缓慢下降

据辽宁省土壤肥料工作站统计(以2001～2003年化验的3 653个土样为例),辽中平原土壤有机质的平均含量为1.76%,与1979年土壤普查结果(1.93%)相比平均含量下降了0.17个百分点,下降幅度为8.81%。

近几年,随着测土配方施肥工作的开展,土壤有机质含量逐年下降的趋势又进一步得到证实。就新民地区而言,以2006年从兴隆镇班屯村采集的48个土样为例,土壤有机质含量高于1%的不足8.4%,最低的仅为0.32%,最高的只有1.87%。究其原因,主要有以下几个方面:第一是施用越来越多的化肥和高产量品种的推广及复种指数的提高,造成土壤中的养分耗竭,只用地不养地已成为我国农业生产的普遍现象;第二是省时和省力已成为我国当代农民选择生产方式时所考虑的首要因素,出现大面积的秸秆焚烧和全方位的化学除草现象,降低了土壤碳回归指数,而且严重污染了环境;第三是有机肥投入的减少,这是土壤有机质降低的重要原因。

(二)肥料利用率严重下降

据研究(张福锁等),改革开放以来,我国化学肥料的施用量急剧增加,而氮、磷、钾的平均利用率却不断下降,从1998年的30%以上下降到目前的不足20%。

表9　　　　　　　　　　我国化学肥料利用率情况

项目指标	20世纪		21世纪	比1998年降低的百分点
	1992年	1998年		
氮肥利用率(%)	28～41	30～35	27.5	2.5～7.5
磷肥利用率(%)	——	15～20	11.6	3.4～8.4
钾肥利用率(%)	——	35～50	31.5	3.5～18.5

(三)土壤矿物营养失衡与板结

1. 土壤矿物营养失衡

最近30多年过度和不合理施用化学肥料,造成了土壤养分严重失衡。新的研究结果表明,我国大部分土壤氮、磷含量普遍偏高,钾和部分中微量元素普遍偏低。中化化肥山东分公司对山东省主要产区的花生田的分析表明,土壤速效氮在100毫克/千克以上，有效磷在30毫克/千克以上，有效钾仅为40～90毫克/千克，而微量元素中的锌低于1毫克/千克，有的地方还不足0.5毫克/千克。

2.土壤板结

土壤酸化不仅破坏土壤性质，而且会促进土壤中一些有毒有害污染物的释放和迁移，使之毒性增强，使微生物和土壤动物（如蚯蚓）等土壤生物减少，加速了土壤中一些营养元素的流失。土壤板结普遍严重，有的已经丧失了农业耕种价值。

单元三
花生高产栽培

单元提示

1. 种植模式
2. 优良品种
3. 土壤改良
4. 土壤障碍修复
5. 测土配方施肥
6. 播种技术
7. 花生病虫害最新防治技术
8. 化学除草技术
9. 田间管理
10. 花生收获

一、种植模式

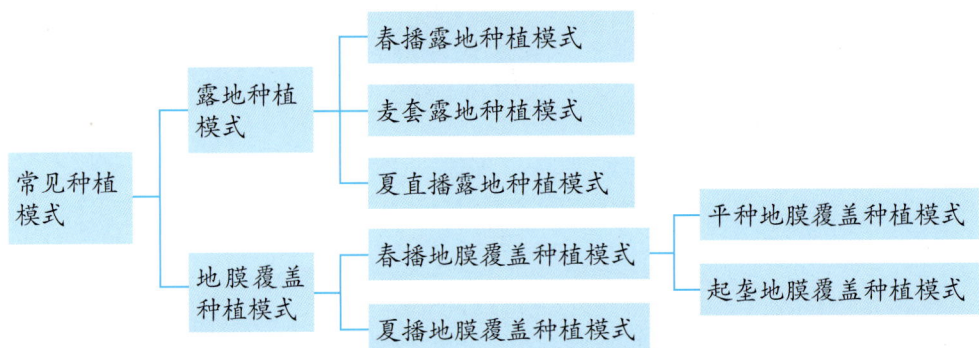

(一)露地栽培

1.春播露地栽培

近几十年来,虽然春播地膜覆盖栽培技术得到了广泛推广和应用,但因露地栽培比地膜覆盖操作简便、技术要求低、省工和投入少,在国内主要花生产区仍有一定的种植比例,春播露地栽培仍然是我国花生传统种植模式之一。

图4 花生春播露地栽培

图5 花生春播露地栽培

2.麦套和夏直播栽培

(1)麦套和夏直播花生的意义:我国人口多,耕地少,花生产区长期存在粮油争地、争春的矛盾,因此发展麦套或夏直播花生具有重要的意义。一是土地资源得到合理利用。相对春花生而言,麦套或夏直播由一季变成两季,产粮又产油,土地利用率提高了1倍左右,充分发挥了土地的增产增效潜力。二是解决了麦油争地的矛盾。发展麦油两熟,使粮食与油料面积都得到扩大,粮油总产都会有较大地增长,特别是缓解了食用油供求紧张的矛盾,促进了国民经济的发展。三是提高了气候资源的综合利用率,一年两熟,大大提高了光、温、气、热资源的利用率。四是经济效益高。"一麦一油,有粮有钱",这是群众对发展麦油两熟的评价,麦油两熟双高产的经济效益十分显著。五是粮油套种或夏直播是减轻重茬的有效措施。

(2)麦套及夏直播花生高产的主要矛盾:麦田套种花生,花生和小麦有一段共生期,形成了一种复合的作物群体,它与周围的生态因素(包括土、肥、水、温、气)以及其他生物之间组成了特有的农田生态系统。在作物与作物、作物与各种生态因素之间,既有相互适应的一面,又有相互矛盾的一面。夏直播花生生育期短,热量资源不足是夏直播花生高产的主要制约因素。所以在生产实践中只有抓住主要矛盾,并采取适当措施解决矛盾,才能获得麦套及夏直播花生高产。

①前后茬作物共生期的矛盾。麦田套种花生通常在麦收前25~30天播种,此时田间郁蔽,光照不足,花生与小麦争水、争肥,花生生长发育受到影响,容易形成"高脚苗"。一般情况下,这种影响随共生期的延长而加重。但是,采用大垄覆膜栽培,结合带壳播种、借墒早播,花生播种期在山东胶东半岛地区可提前到4月5日~5月5日。此时,小麦尚未起身拔节,田间温度低,光照允足,透光性好,有利于控上促下,根系生长发育旺盛,花生基部第一对侧枝健壮生长,形成壮苗,可有效地解决麦套花生"高脚苗"的问题。同时,由于播种期提前,小麦起身拔节期的肥水管理可与造墒播种花生有机结合起来,做到肥水两用。早期覆盖地膜不仅延长了花生的生育期,有利于花生生长发育,而且由于温度随气、水的传导作用,可使早春小麦垄内的温度相应提高,也有利于小麦生长发育,较好地解决了两作物共生期的矛盾。普通畦田和小垄宽幅麦套花生,因不能带壳覆膜,应在保证满足花生有效积温要求的前提下,尽量缩短共生期。

②作物群体与个体的矛盾。麦田套种花生,减少了小麦对土地的利用面积,小麦合理密植显得尤为重要。为了保证原有密度,多采用加大播种量的办法,使播种量与

图6 麦套花生栽培

图7 夏直播花生栽培

普通畦田相同。所以小麦群体内的个体密度要比单一种植时的密度大，这样就加剧了同一条带内群体与个体的矛盾，个体间争光、争肥、争水矛盾突出，个体发育不健壮，易徒长倒伏。解决的办法主要是选择合理的种植规格，选择株型紧凑的小麦品种，加强肥水管理和化学调控等。

③热量资源不足的矛盾。无论春播花生还是麦套及夏直播花生，从播种到出现饱果所需的 >10℃ 的有效积温均为 1 355～1 385℃。因此，1 355℃ 可以作为花生基本生育期的热量指标，该期所需天数的多少取决于热量条件。夏直播花生生育期短，特别是黄河和长江流域的广大花生产区，后期气温下降，热量不足，播种稍晚、管理不当即会造成夏直播花生大幅度减产。因此，采用适当的方式确保或增加热量资源是解决夏直播花生高产矛盾的主要对策。

（二）地膜覆盖栽培

1. 地膜覆盖的作用

20世纪中叶，随着塑料工业的发展，尤其是农用塑料薄膜的出现，一些工业发达国家利用塑料薄膜覆盖地面进行花生栽培，获得了良好效果。我国花生地膜覆盖栽培始于1979年，由日本引入并在山东省进行试验推广，数年间平均增产36.3%，效果非常明显。地膜覆盖对于土壤保温、保墒，改善土壤的理化性状和田间小气候、延长生育期，特别是提高花生产量等发挥了重要作用。

(1)增温调温，促进了花生的生育进程：地膜覆盖栽培的最大效应是改善了土壤的生态环境条件，增加和保蓄了太阳对土壤的辐射热能，提高了土壤温度。据研究，春季低温期间采用地膜覆盖，白天受阳光照射后，0～10厘米深的土层可提高温度 1～6℃，最高可达8℃以上。进入高温期，若无遮阳措施，地膜下土壤表层的温度可达 50～60℃，土壤干旱时，地表温度会更高。盖膜花生全生育期地表下5厘米处的活动积温增高 195.3～370.0℃。但在有作物遮阳或地膜表面有土或淤泥覆盖的条件下，土温只比露地高 1～5℃。夜间由于外界冷空气的影响，地膜下的土壤温度只比露地高 1～2℃。地膜覆盖的增温效应因覆盖时期、覆盖方式、天气条件及地膜种类不同而异。

另一方面，花生进入中期高温阶段，由于覆膜花生群体覆盖度大和地膜的不透气性，阻挡了气化热的通过，抑制了地温上升，起到调温作用。因此，覆膜具有增温调温作用，缩短了花生的生育进程，使花生早熟、高产、稳产。

(2)保墒提墒，增强了花生的抗旱耐涝能力：由于地膜的不透气性，白天气温升高时，水分蒸发到地膜内表面，晚上气温低，水蒸气凝结成小水滴附在膜面下，保持表土层湿润,起到了保墒作用。若天旱无雨,覆膜耕层水分减少,则深层水分通过土壤毛细管向地表移动时,被地膜阻隔在表层内,起到提墒的作用。另外,覆膜花生浇水、排涝方便,起到抗旱防涝的作用。

(3)保持土壤松暄,促进了根系发育和有效果针入土结实:覆膜花生前中期土层保持湿润,中后期防冲、防涝,使土壤水分的消长规律相对稳定。薄膜承受雨点的打击能力强,使花生结实土层长期保持松暄。据报道,地膜覆盖保持了土壤的良好结构,5厘米、10厘米和15厘米处的土壤硬度,盖膜的只是露地的13.9%、56%和77.6%。增强了透气性,促进根系发达,根瘤增多,有利于果针入土和荚果发育。

(4)促进土壤微生物活动,提高速效养分的含量:覆膜花生地养分不会因浇水或降雨引起流失或下渗而造成肥力下降。相反,由于膜内温度相对升高,促进了好气微生物的活动和各种酶的活性,加速了土壤营养物质的分解和转化,速效态氮磷钾养分增加,尤其是速效氮比露地栽培成倍增加。据报道,土壤耕层内氨细菌增多8.5%~11.6%,磷细菌增多30.0%~30.2%,钾细菌增多59.7%~60.2%,固氮菌增多42.3%~58.5%,而且活性也增加,使土壤中可以利用的养分增多。

(5)改善了田间小气候,提高了花生的光合作用:覆膜花生由于地膜的反射能力,增加了花生株行间的光照强度。据报道,覆膜由于地膜的反光作用,当自然光照为92 000勒克斯时,距地面10~30厘米高处,覆膜比露地栽培增加1 000~2 000勒克斯。另据报道,覆膜花生的净光合生产率,苗期、花针期及饱果期分别增多0.28、0.94及0.42克/米^2·天。另外,由于地膜表面光滑,风速加快,促进了CO_2循环,加之气温高、光照强,显著提高了光合效率。

(6)地膜覆盖增产效应:据研究,花生覆膜后有利于一播全苗、壮苗早发,一般比不盖膜的早出苗2~5天,早成熟7~10天。200多处的试验结果表明,覆膜花生的地力水平不一样,增产效果差异较大。在亩产150~250千克的地块,每亩增产75.95千克左右;亩产250~400千克的地块,每亩增产93.8千克左右;亩产400~500千克的地块,每亩增产95.3千克左右。一般壤土地的增产效果好于沙壤土,沙壤土好于黏壤土,黏土好于沙土。就产量性状而言,一般单株结果多1.3个,双仁果率高4.3%,饱果率多10.3%,出米率高2.3%,每亩增产荚果75~100千克。

2. 地膜的类型、规格

(1)类型:覆膜栽培所覆盖的地膜不仅要宽度适宜、不碎裂、耐老化、透明度高,而且果针能把地膜穿透,并具有控制花生高节位无效果针入土的性能,提高饱果率。

目前，地膜的类型较多，分类标准也不一致，以吹塑工艺生产的地膜，多以原料的密度为标准。密度为0.910~0.935克/厘米^{3}的称为低密度聚乙烯，密度为0.94~0.97克/厘米^{3}的称为高密0在$1\,013.25 \times 10^5$~$3\,039.75 \times 10^5$帕斯卡之间的为高压膜，所用原料为低密度聚乙烯。现在市场上销售的超薄微膜都是用线性聚乙烯原料吹塑而成。另外，地膜又分有色膜（白色、黑色、银黑双色）、带孔膜、除草膜等。

(2)规格：

①宽度。花生地膜覆盖为全覆盖，地膜宽度依垄宽而定。如春花生起大垄种双行，则垄宽为850~900毫米，花生膜宽以850~900毫米为宜，小花生膜宽以800毫米为宜。垄宽为1 000毫米或2 000毫米的地区，则选用相应宽度的地膜。

②厚度。地膜过厚不仅成本高，而且果针难以穿透，厚度大于0.018毫米就会影响低节位有效果针入土结实。地膜过薄，厚度小于0.004毫米，不仅保温保湿效果差，易破碎，而且会失去控制无效果针入土的能力。花生地膜的适宜厚度为(0.007±0.002)毫米，现在市场上销售的厚度为(0.004±0.001 5)毫米的超微膜，如果原料好、吹塑质量高、成本低、增产效果好，也可选用。

③透光率。地膜的颜色有黑色、乳白色、银灰色、蓝色和褐色，但增温效果透明膜最好，其透光率≥90%。一般花生地膜的透光率应≥70%，若透光率<50%，则会显著影响太阳辐射热的透过。

④展铺性能。地膜应不黏卷，容易覆盖，膜与垄面贴实无褶皱。断裂伸长率纵横向≥100%，确保覆膜栽培期间不碎裂。

⑤地膜用量。花生地膜用量可采用下式计算：

地膜用量（千克/公顷）＝0.91×覆盖田面积×地膜厚度×理论覆盖度

式中：0.91为聚乙烯塑料膜的相对密度；覆盖面积为10 000平方米/公顷；地膜厚度的单位为毫米。

理论覆盖度＝[地膜宽度/平均行距（毫米）×2]×100%

(3)当前花生覆膜栽培常用的几种地膜：

①高压常规膜。宽度800~900毫米，厚度0.014毫米，用量150千克/公顷。该膜机械物理强度大，耐老化，覆膜时不破裂；透明度≥80%，增温保墒效果好，能控制高节位的无效果针入土，果针有效穿透率在50%以上。

②低压超薄微膜。宽度850~900毫米，厚度0.006毫米，用量60千克/公顷。优点是强度高，用量少，对无效果针控制较好。缺点是透明度低，透光率<60%，增温保

湿效果差,横向拉力小,易裂,展铺性差。

③线性超薄微膜。该膜宽度为850~900毫米,厚度0.007毫米,每捆9千克,用量为67.5千克/公顷。优点是透明度好,透光率≥80%,不易破裂。缺点是膜卷易粘连。

④共混超薄微膜。该膜规格及优点同上述超薄微膜,其断裂伸长率适中,展铺性好,增温保墒效果好,果针有效穿透率为50%,用量67.5千克/公顷。

⑤超微地膜。该膜宽度为850~900毫米,厚度0.004毫米,每捆5千克,用量为37.5千克/公顷。其物理性能和农艺性能均达标。目前,大部分采用此膜覆盖花生。

⑥除草膜。该膜是利用含有除草剂的树脂,经过吹塑或喷涂工艺加工而成的抑制杂草的地膜,除草效果一般在90%以上。使用时,将有除草剂的一面接触地面,除草剂分子从聚乙烯分子间隙或膜面上释放出来,同膜下的水滴落到地面,形成一个药剂处理层,杂草接触到药剂便被杀死。用量为45千克/公顷。

⑦可控光降解地膜。该膜是将一定量的光降解母料加入聚乙烯中吹塑而成,在一定的时间内可自行分解,能减少残膜的污染。另外,生物降解膜、淀粉膜、草纤维膜等尚在继续研究的过程中。

3. 春花生地膜覆盖

我国花生地膜覆盖种植的方式主要有平种覆膜种植、起垄(高畦)覆膜种植。

(1)平种(畦)覆膜种植:平种是我国北方旱薄地花生产区的一种种植方式。由于此地区地势高燥,土壤肥力低,又无浇水条件,花生不发棵,需要密植。因此,土壤进行施肥和耕地后,直接播种、除草和覆盖地膜。该方式具有操作简单,省工等优点;不足之处是平畦覆膜的效果较差,对排灌、护膜和促苗生长均有不利的影响。

图8 春花生平畦地膜覆盖栽培

图9 春花生平畦地膜覆盖栽培

（2）起垄（高畦）覆膜栽培：垄种是我国花生栽培的主要种植方式。采用起垄（高畦）种植，容易扣紧、封严地膜，使土壤疏松不板结，受光量大，蓄热多，有利于提高土温；同时高畦（垄）覆膜对水分运动更有利，可促进深层土壤的水分上升，供植物吸收利用，为种子萌发与幼苗生长创造良好条件，有利于苗全、苗齐、苗旺。苗期中耕可以起到清棵的作用，还能改善田间通风透光的条件，雨季也利于排涝，烂果少，管理和收获方便，也影响土壤微生物的活性及肥料分解矿化的过程。据研究，垄作常比平作增产，同为穴播，垄作比平作增产16.9%～21.6%。

图10　春花生起垄地膜覆盖栽培　　　图11　春花生高畦地膜覆盖栽培

①规格起垄（畦）。地膜覆盖栽培花生，规格起垄是提高覆膜质量和确保密度规格的关键，规格起垄要掌握好以下五个要点：

第一底墒要足，墒情充足是覆膜栽培高产的关键。起垄时，有墒抢墒，无墒造墒，切不可无底墒起垄。因为尽管覆膜有保墒作用，但地干无墒可保，即使播种时浇底水，幼苗出土后也会因底墒不足而吊干死苗。播后靠天等雨，因薄膜阻隔，小雨无效；播后润墒，小水浇不透，大水漫灌易降低地温，影响壮苗；而且无墒起垄影响起垄规格和覆膜质量，因此一定要足墒起垄。无水浇条件的地区，要有墒抢墒，早起垄覆膜，保墒，打孔播种；有水浇条件的地区，遇旱要适时喷灌或开沟浇水造墒，耙平耢细，起垄播种覆膜。

第二垄（畦）高度要适当。垄的高度（垄沟底至垄面）以12厘米左右为宜，如果起垄过高，不仅垄面不能保证宽度，而且覆膜时垄坡下面盖不严、压不紧，膜易被风刮掉，影响增温保墒的效果。同时，垄过高易造成果针下滑，有效果针入膜内土壤结实的数量减少。起垄过低不利于排涝，且易使多余的膜边盖死垄沟，影响水分下渗。因此机械起垄时，要调好扶垄器的高度，注意耙平垄面，掌握垄高。

第三垄（畦）面要宽。垄面的宽度因地力、品种、密度和膜宽而定，一般中等肥力的地块种早熟花生品种，垄距为80～85厘米，垄沟宽30厘米，垄面宽50～55厘米；中、高肥力的地块种中晚熟大花生品种，垄距为85～90厘米，垄沟宽30厘米，垄面宽55～60厘米。南方稻田覆膜花生，垄距一般为80～200厘米，垄面宽50～170厘米。垄面过宽或过窄，不仅影响花生种植的密度规格，而且影响花生生长发育。

高畦种植是南方的主要种植方式，北方也有部分地区采用。湖南叫"开厢"，广东、广西叫"起块"，鲁南和苏北叫"小万"。主要优点是抗旱防涝，能排能灌。一般畦宽100～150厘米，其中畦沟宽40厘米，沟深20～25厘米，挖畦沟的土垫在畦面上，使其略呈"龟背"形，等行种植4～6行。

第四垄（畦）坡要陡。要改梯形坡为矩形坡，起垄后覆膜前，用小锨或小犁把垄坡上下切齐，使垄坡接近垂直，尽量使垄截面成为矩形。这样可使地膜贴紧压实，同时也可避免梯形坡相邻两垄膜的边盖死垄沟。

第五垄（畦）面要平。起垄后，要将垄面耙平压实，确保无坷块、石块等杂物。这样有利于薄膜展铺，能使膜面与垄面贴实压紧。如垄面不平，易使覆膜花生靠垄边的果针下滑至坡底，浪费养分，不能结果，单株结果数减少。

花生起垄栽培分为人工起垄和机械起垄。在交通不便，地块较小的地方，往往用单铧犁起垄；在交通方便，地块面积较大的地方，可采取四铧犁机械起垄，机械起垄生产效率高，耕作质量好。

图12　春花生单铧犁起垄（畦）

图13　春花生人工起垄（畦）示意图

图14　春花生四铧犁起垄示意图

②播种。根据播种的种子形态和覆盖地膜的先后顺序，花生地膜覆盖栽培的播种方式可分为以下几种：

第一 先播种后覆膜。即在提前起好垄或刚起好垄的垄面上，按规格开2条播种沟图15，沟深3~5厘米，按穴距规格放置事先处理好的种子，每穴并粒平放2粒种子，切不可向沟内散播，否则既影响密度规格，又因种子分散易造成开膜孔多，增加放苗困难，降低了覆膜增温保墒的效果。或者用插孔器，按照播种密度在垄面上插播种孔图16，每个孔点播2粒花生种子。该法劳动生产率高，播种速度快，密度规格合理，播种深度一致，保温保湿效果好，出苗快，出苗整齐，基本达到覆膜规范化的要求。播种后覆土要均匀，并适当踩压垄面图17，这样有利于出苗齐、出苗快。然后喷施除草剂，再按要求覆盖地膜。

图15　春花生人工播种示意图

图16　春花生人工播种示意图

图17　春花生人工播后踩压示意图

第二 带壳播种后覆膜。干旱或半干旱花生产区春季十年九旱，又无水浇条件，给花生适期播种带来困难。早春风小墒情好，土壤含水量高，覆膜保温保墒，可以较好地解决墒情与地温不同步的矛盾。花生带壳播种覆膜的关键是播种前认真挑选子仁充实饱满的荚果，晒果2~3天后，用两凉一开的温水（40℃）浸泡24小时，待果壳吸足水、子仁吸收2/3的水分时捞出，把双仁果从果腰处掰开，单仁果从果嘴处开口，随即播种，前后室要分开播，播后覆盖地膜。

第三 先覆膜后打孔播种。即于播前5~7天趁墒情好覆膜，起到保温保湿和调节劳力的作用。播种时打穴、放种、封孔盖土三道工序连续作业。打穴时，可用木制打穴棒或铁制打穴器,穴径4.0~4.5厘米,深3.0~3.5厘米,并在其上装一标尺,以控制穴深和穴距。按密度规格在膜面上打两排播种穴,在播种穴内插播或平放2粒处理过的种子,注意播深保持3.0~3.5厘米;然后用湿土封穴按实,再在膜穴上盖厚为3~4厘米的馒头状土堆,封膜保温保湿,避光引苗。此法播种深浅一致,规格合理,能达到覆膜花生规范化的要求。缺点是因打穴过多,播后保温保湿效果稍差。遇冷雨低温,土堆易结硬盖,出现烂种现象。

第四苗后覆盖地膜。夏花生地膜覆盖多在花生齐苗(一般夏花生在播后4~8天)后边盖膜边开孔破膜放苗,随后用土把膜孔压严盖实。这种方法可以有效地解决高温引起的烧苗问题,还可以避免因墒情不足而引起种子落干。

③覆膜。花生地膜覆盖分为人工覆盖地膜和机械覆盖地膜两种。

a.人工覆盖地膜的流程。先在播种、镇压、整平后的花生垄沟底部开沟,然后喷施化学除草剂,最后将地膜平铺在花生垄面上,使地膜两边铺到预先开的沟内,用镢或小铲把土压在沟底的膜上面,盖实踩压即可。人工覆盖地膜时要注意拉紧地膜,并在垄面上适当压一些小土堆,以防大风刮起地膜。

图18 春花生覆盖地膜示意图

b.机械覆盖地膜。人工播种和覆膜需要的劳动力多,劳动强度也大,播种速度慢,播种质量差,达不到花生地膜覆盖标准化和规范化的要求。有条件的地方应采用机械覆盖地膜,既能提高花生的播种速度,又能保证覆膜质量,是今后花生覆膜栽培的发展方向。该技术已在山东、河南、河北、安徽、江苏、辽宁、新疆、海南、北京、天津等省(市、区)推广应用,取得了非常理想的效果。机械覆膜时,要注意调好膜卷的松紧度、除草剂的气压及其他农艺性能,确保覆膜质量。

④花生地膜覆盖栽培的几点要求。

第一选用高产良种。花生地膜覆盖栽培,播种期提早,有效生育期延长。因此,选用中晚熟大花生高产良种能充分利用生育期中的水、肥、光、热资源条件,充分发挥优质高产的优势。覆膜栽培花生,无论

图19 春花生机械覆盖地膜示意图

是中熟或晚熟品种,均应选用株型直立、分枝中等、开花结果比较集中、荚果发育速度快、饱果率较高的品种。

第二适当提早播种。地膜覆盖使土壤处于温暖、湿润的状态,对种子萌发十分有利,一般可比露地栽培早播5~10天。

第三足墒播种。地膜覆盖能抑制蒸发,是一种以保墒为中心的抗旱措施。播种期土壤必须有一定的含水量种子才能萌发出土,土壤墒情差的要浇水造墒。

第四施足底肥。为获得早熟高产,克服地膜覆盖追肥效果不良的缺点,花生地膜覆盖施肥应以基肥为主,追肥为辅。为维持土壤较高的肥力,给作物生长发育提供丰富的营养,应在整地时施足矿物营养肥料和生物有机肥。追肥可在中后期结合病虫害防治叶面喷施,进行根外追肥,这样就能保证覆膜土壤有较高的肥力,获得高产。

4. 几种成功的小麦、花生双高产栽培套种方式

(1) 大垄宽幅小麦套种覆膜花生:在小麦收获期较晚、夏直播花生热量不足、土壤肥力偏低、小麦单产低于6 000千克/公顷的地区或地块应采用这种方式。其具体做法是:冬小麦播种前,采用两犁(带犁铧)起垄,垄距90厘米,垄高10~12厘米,整平垄顶;在垄沟内播种2行小麦,沟内小麦小行距20厘米,大行距70厘米。翌年小麦起身期(山东大约在4月初),在大垄垄面上套种2行花生,垄上花生行距25~30厘米,然后覆盖地膜。该方式可以充分发挥小麦的边际优势,加之地膜的反光、提温、保墒作用,改善了小麦的光、热、水条件,提高了小麦的分蘖成穗率,增加了穗粒数和粒重,有利于小麦高产。但小麦每公顷产量超过6 000千克后,对花生有一定的影响,小麦每公顷产量宜控制在5 250~6 000千克。由于加宽了花生的套种行距,有利于花生通风透光,缓和了花生和小麦共生期间争光的矛盾。

图20 大垄宽幅小麦套种覆膜花生栽培

图21 大垄宽幅小麦套种覆膜花生栽培

(2)小垄宽幅小麦套种花生：在土壤肥力较高、灌排水条件较好、热量资源较充足的地区可采用这种方式，具体做法是：冬小麦播种时不扶垄，每40厘米为一条带，用宽幅耧播种1行小麦，小麦播种沟幅宽6~7厘米，行距33~34厘米。麦收前20~25天结合浇小麦扬花水，在小麦行间套种1行中熟大果花生。该模式利于小麦高产，每公顷产量可达6 000~7 500千克。同时由于小麦行距比畦田的宽，通风透光性较好，花生套种期可适当提前，并能减轻花生"高脚苗"现象，从而提高花生饱果率。

(3)普通畦田小麦套种花生：在土壤肥力高、热量资源比较充足、灌排水条件好的小麦高产地区可采用这种方式。其具体做法是：冬小麦按23~27厘米的行距播种，麦收前15~20天在小麦行间按26~27厘米的穴距套种中熟大果花生。该方式小麦易创高产，一般每公顷产量可达6 000~7 500千克。花生比夏直播花生延长了15~20天的生育期，有效花期和产量形成期加长，加之以密度取胜，每公顷27万~30万株，产量可达6 000千克以上。

(4)大垄宽幅小麦套种花生周年覆盖栽培：在春季易干旱、土壤肥力较低的旱地宜采用这种方式，具体做法是：在深耕整地、一次施足肥料的基础上，从秋种开始，按垄距90厘米、垄高10~15厘米、垄顶呈弧形的规格起垄，喷除草剂，覆盖90厘米宽、0.006~0.008毫米厚的标准地膜。沟内播2行冬小麦，行距15厘米。翌春在垄上打孔播种花生。麦收时小麦高留茬（20厘米以上），麦收后平茬盖沟保墒。下一轮再种时，实行沟垄换位轮作。

实行周年覆盖栽培法，由于延长了地膜覆盖栽培的时间，可以有效地保蓄降水，抑制蒸发，提高降水的利用率；提高地温，使冬春垄上0~10厘米的积温比对照增加约400℃，沟内增加约200℃，为小麦大幅度增产奠定了基础；同时可以起到防止土壤板结、增加土壤有效养分、抑制盐分上升的作用。在山东6处旱薄地试验，每公顷产小麦3 249千克、花生3 750千克，比春季覆膜套种栽培，小麦和花生分别增产40.3%、26.1%，比不覆膜套种栽培，小麦和花生分别增产60.4%、66.9%。该模式适用于旱地、水浇地和盐碱地，尤其适用于旱地和盐碱地栽培。

(5)夏直播覆膜栽培：

①夏直播花生覆膜栽培增产的机理。一是减轻了降雨对地表的直接冲击，使结果层土壤不板结，有利于根系生长和果针入土结实。二是可以显著提高夏直播花生的地温，一般平均日增地温1~3℃，全生育期5厘米处的地温累计增加139.6℃，大致相当于大于10℃的有效积温95℃；可使始花期提早2~5天，产量形成期延长6天，有效花期内花量增多，饱果指数提高20%以上，饱果体积增大，每千克果数减少50个以上。

三是抗旱耐涝，由于地膜的阻隔，土壤水分扩散呈纵向上升和横向渗透相结合的状态，可起到干旱保墒、大雨径流排涝的作用。四是促进夏直播花生生长发育，由于地膜覆盖田土壤温湿度适宜，能促进花生初期营养生长，叶面积发展快，提早封垄，扩大了光合势，有利于干物质积累。在山东鲁南地区，采用中熟大果品种露地栽培，即使6月10日播种，到10月初花生饱果率也仅40%左右，采用地膜覆盖栽培，中熟大果品种的饱果率可达到60%以上。

②夏直播花生覆膜的方式和方法。夏直播花生覆膜栽培，麦收后要抓紧时间浅耕灭茬，一般用旋耕机旋耕15～20厘米。如时间太紧，来不及旋耕，可直接起垄。采用四犁起垄，前两犁要深，后两犁适当浅而宽，然后耙细耙平。

夏花生播种时正处于高温季节，覆盖地膜极易引起高温，抑制种子发芽出苗和高温灼苗。为避免覆膜不当所引起的弊端，充分发挥地膜的有利作用，一般先按覆膜规格起垄播种，待花生顶土出苗时覆膜，同时开孔引苗、压土；或先覆膜后打孔播种，然后在播种孔上压4～5厘米厚的土堆；或先播种后覆膜，接着在膜上的花生行压4～5厘米高的土埂。这三种方式均能减轻或避免高温对发芽出苗的危害，同时发挥覆膜的有利作用，较露地栽培增产18.12%～24.16%。

图22　夏直播覆膜栽培

图23　夏直播覆膜栽培

图24　夏直播覆膜栽培

图25　夏直播覆膜栽培

二、优良品种

(一)品种介绍

1."海花1号"

> **品种来源**

该品种由山东省海阳市用临花1号和白沙171杂交选育而成。

> **特征特性**

中熟品种,生育期140天左右,需积温3 300~3 500℃。株型紧凑,茎秆较矮,一般株高40~50厘米;叶片较小而侧立,透光性好,不易郁闭,抗倒力强;开花集中,饱果率高。据试验,在海阳市春播,花开期为6月5日~7月20日,比"徐州68-4"短10天;饱果率夏播为74%,比"徐州68-4"高24.5%,出米率高3%左右。耐肥水,增产潜力大,但苗期弱,发苗慢。因此,应提高播种质量,加强苗期管理。

1984年在海阳市春播378亩,平均亩产347.7千克,比"徐州68-4"增产24%;夏播122亩,平均亩产271.5千克,比"徐州68-4"增产22.4%。春播亩产最高突破500千克,夏播亩产最高达350千克,深受群众欢迎。

2.丰花1号

> **品种来源**

由山东农业大学花生研究所培育而成,2001年通过山东省品种审定委员会审定命名(鲁农审字[2001]017号)。以蓬莱一窝猴作母本、海花1号作父本杂交。

> **特征特性**

该品种属连续开花型,疏枝,单株分枝9条,主茎高46厘米,株型直立紧凑;叶片倒卵形,叶片较小,叶色深绿。荚果普通型,果壳网纹明显,果腰中浅,果嘴明显。果大,百果重240克。子仁椭圆形,种皮粉红色,内种皮橘黄色。种子休眠期长,收获期不发芽。仁大,百仁重102克,出米率72.6%。结果集中,双仁果率90%以上,单株结果数20~36个,荚果整齐。中熟品种,春播136天左右,夏直播地膜栽培110天。麦行套种生育期125~130天,比海花1号早5~7天,比鲁花11早3~5天。

产量潜力高,增产幅度大;耐肥水,耐密植,地上生长与地下生长协调,特别抗倒伏。抗病性强,适应性广。抗叶斑病、锈病,落叶晚,耐重茬性能好,收获期一般不烂果。结果性能好,大田常规密度栽培,单墩结果数最高达到110个。荚果充实性好,饱果率90%以上。

栽培特点

适宜高肥地、丘陵旱地、微碱地栽培。适宜春播和夏直播盖膜、麦田套种等多种种植方式,尤其适合高产。

3. 山花9号

品种来源

审定编号:鲁农审[2009]035号。育种者:山东农业大学农学院。品种来源:常规品种。F1(海花1号/花17)种子用 $^{60}Co\ \gamma$ 射线2万C/千克辐射后系统选育而成。

特征特性

春播生育期127天,主茎高32.9厘米,侧枝长36.9厘米,总分枝8条;单株结果12个,单株生产力21克;荚果普通型,网纹清晰,果腰较粗,果壳较硬;子仁长椭圆形,种皮粉红色,内种皮橘黄色,百果重207.4克,百仁重84.0克,千克果数585个,千克仁数1 381个,出米率69.6%,抗旱及耐涝性中等。2007年经农业部食品质量监督检验测试中心(济南)分析,蛋白质含量为29.4%,脂肪50.7%,水分5.0%,油酸40.8%,亚油酸39.2%,O/L值为1.04。经山东省花生研究所鉴定,网斑病病情指数41.8,褐斑病病情指数14.7。

在2006~2007年山东省花生品种大粒组区域试验中,两年平均亩产荚果337.3千克、子仁236.6千克,分别比对照鲁花11号增产13.0%和12.2%。2008年参加生产试验,平均亩产荚果340.5千克、子仁244.0千克,分别比对照丰花1号增产10.2%和11.9%。

4. 花育22号

品种来源

山东省花生研究所用系谱法选育的早熟出口大花生新品种,2003年3月通过山东省农作物品种审定委员会审定。

特征特性

该品种为早熟普通型大花生,株型直立,结果集中,生育期130天左右,抗病性及抗旱耐涝性中等。主茎高35.6厘米,侧枝长40厘米;百果重245.9克,百仁重100.7克,出米率71%;脂肪含量49.2%、蛋白质24.3%、油酸51.73%、亚油酸30.25%,O/L值为1.71。子仁椭圆形,种皮粉红色,内种皮金黄色,符合出口大花生的标准。

在2000~2001年山东省花生新品种区域试验中,平均亩产荚果330.1千克,子仁235.4千克,分别比对照鲁花11号增产7.6%和4.9%。2002年参加生产试验,平均亩产荚果372.2千克,子仁268.9千克,分别比对照鲁花11号增产8.8%和7.5%。

图26　花育25号品种特性

图27　花育25号品种特性

5. 花育25号

品种来源

山东省花生研究所于1997年用鲁花14号为母本、花选1号为父本杂交,后代采用系谱法选育而成,2007年4月通过山东省农作物品种审定委员会审定。

特征特性

该品种属早熟直立型大花生,生育期129天左右。主茎高46.5厘米,株型直立,分枝数7~8条,叶色绿,结果集中。荚果网纹明显,近普通型。子仁无裂纹,种皮粉红

图28　花育22号品种特性

图29　花育22号品种特性

色，百果重239克，百仁重98克，千克果数571个，千克仁数1 234个，出米率73.5%，脂肪含量48.6%，蛋白质含量25.2%，O/L值为1.09。抗旱性强，较抗多种叶部病害和条纹病毒病，该品种后期绿叶保持的时间长，不早衰。

该品种在2004～2005年山东省花生新品种大粒组区域试验中，平均亩产荚果319.79千克，子仁232.49千克，分别比对照鲁花11号增产7.28%和9.43%。2006年参加生产试验，平均亩产荚果327.6千克，子仁240.9千克，分别比对照鲁花11号增产10.9%和12.2%。

6. 花育36号

品种来源

审定编号：鲁农审[2011]021号。山东省花生研究所用花选1号与95-3杂交后系统选育而成。

特征特性

属中间型大花生，荚果普通型，网纹深，果腰浅，子仁近椭圆形，种皮粉红色，有裂纹，内种皮白色，连续开花。区域试验结果：春播生育期127天，主茎高46.2厘米，侧枝长49.7厘米，总分枝9条；单株结果14个，单株生产力20.7克，百果重252.7克，百仁重107.8克，千克果数508个，千克仁数1 077个，出米率70.9%。

2008年经山东省花生研究所调查，高感叶斑病。在2008～2009年山东省花生新品种大粒组区域试验中，平均亩产荚果361.8千克、子仁257.2千克，分别比对照丰花1号增产8.1%和10%。2010年参加生产试验，平均亩产荚果315.2千克、子仁220.7千克，分别比对照丰花1号增产8.5%和9%。

2008年经农业部食品质量监督检验测试中心（济南）分析，蛋白质含量22.8%，脂肪44.3%，油酸39.1%，亚油酸39.5%，O/L值为1.07。

栽培特点

适宜密度为每亩9 000～10 000穴，每穴2粒，其他管理措施同一般大田。

7. 临花5号

品种来源

审定编号：鲁农审[2009]038号。山东省临沂市农业科学院用辐8707与徐州68-4杂交后系统选育而成。

特征特性

春播生育期126天，主茎高35.5厘米，侧枝长37.9厘米，总分枝8条；单株结果12个，单株生产力22克；荚果普通型，子仁椭圆形，种皮粉红色，无油斑，无裂纹；百果重198克，百仁重82.4克，千克果数641个，千克仁数1 402个，出米率71%。抗旱及耐涝性中等。

经山东省花生研究所鉴定，网斑病病情指数53.6，褐斑病病情指数7.3。在2006～2007年山东省花生新品种大粒组区域试验中，平均亩产荚果316.9千克、子仁229.9千克，分别比对照鲁花11号增产6.2%和9.1%。2008年参加生产试验，平均亩产荚果322.5千克、子仁236.0千克，分别比对照丰花1号增产4.4%和8.3%。

2007年经农业部食品质量监督检验测试中心（济南）分析，蛋白质含量26.1%，脂肪49.9%，水分3.9%，油酸40.0%，亚油酸40.14%，O/L值为1.11。

栽培特点

适宜沙质土壤或壤土种植，适宜密度每亩9 000墩左右，每墩播2粒。施足基肥，足墒播种，生育期间注意防治病虫草害，注意化控防倒伏。其他管理措施同一般大田。

8. 豫花9号

品种来源

河南省濮阳市农业科学研究所以濮阳513为母本、豫花2号为父本杂交选育而成，1997年通过河南省农作物品种审定委员会审定。

特征特性

属早熟品种，麦田套种生育期110天左右。植株直立，密枝。株高42厘米左右，侧枝长47厘米，总分枝11条左右，结果枝5.9。叶片椭圆形，绿色，交替开花。荚果普通型，大果。子仁椭圆形，种皮粉红色。百果重250克，百仁重94克，出仁率72%，子仁粗脂肪含量47.6%，粗蛋白质含量28.8%。

较耐叶斑病、病毒病，抗旱性、耐涝性好，耐盐碱。在河南省的试验结果表明，比徐州68-4和海花一号显著增产，一般单产340千克，高产田可达470千克以上。

栽培特点

适期早播，足墒播种。种植密度，中产田以10 000穴为宜，高肥田可以减至8 700

穴左右。

9. 日花1号

> 品种来源

日照市东港花生研究所用鲁花3号与花选1号杂交选育而成,审定编号:鲁农审[2008]030号。

> 特征特性

春播生育期130天,株型紧凑,疏枝型,连续开花;主茎高39.4厘米,侧枝长44.1厘米,总分枝10条;单株结果16个,单株生产力20克;荚果普通型,子仁椭圆形,种皮粉红色,百果重253.6克,百仁重101.3克,千克果数522个,千克仁数1 126个,出米率73.2%。抗旱及耐涝性中等。

2007年经农业部油料作物遗传改良重点开放实验室鉴定,高抗青枯病;经山东省花生研究所鉴定,网斑病病情指数47.7,褐斑病病情指数14.3。在2005~2006年山东省花生新品种大粒组区域试验中,两年平均亩产荚果325.4千克、子仁238.0千克,分别比对照鲁花11号增产3%和4.4%。2007年参加生产试验,平均亩产荚果314.6千克、子仁225.5千克,分别比对照鲁花11号增产3.1%和2.9%。2005年经农业部食品质量监督检验测试中心(济南)分析,蛋白质含量25.6%,脂肪50.5%,油酸41.2%,亚油酸37.6%。

图30 日花1号品种特性

> 栽培特点

中上肥力的沙壤土种植。施足基肥、配方施肥,覆膜种植,每亩8 500~9 000墩,每墩播2粒。高肥水条件适当化控,中后期防治花生叶斑病2~3次,其他管理措施同一般大田。

10. 中花4号

> 品种来源

中国农业科学院油料作物研究所选育而成,原名中花117。审定编号:GS07001-

1994，1993年通过广西壮族自治区农作物品种审定委员会审定，1994年通过湖北省农作物品种审定委员会审定，1995年通过全国农作物品种审定委员会审定。系F2（鄂花4号×台山三粒肉）×F2（鄂花3号×协抗青）复式杂交，经改良系谱法选择育成。

特征特性

珍珠豆型早熟中粒类型，出苗快而整齐，苗期生长健壮，株型较紧凑，株高适中，叶片功能期较长，小叶宽，倒卵形。结果较集中，荚果较整齐，果柄较粗，荚果斧头形，百果重150克，含油率50%以上，蛋白质含量30%以上。春播生育期120～130天，夏播生育期105～110天。抗锈病，中抗青枯病，抗旱、耐肥，抗倒伏，适应性广。1987～1989年参加长江流域早熟花生组区域试验，三年平均亩产234.1千克，比对照粤油116增产10.3%，增产极显著。

栽培特点

春播一般4月中旬、夏播6月中旬之前播种较适宜。春播每亩0.85万～1.00万穴，每穴播双粒。施足底肥，看苗追肥。适时收获，防止出现芽果。

11. 豫花9331

品种来源

河南省农业科学院棉花油料研究所用郑8236-6和鲁资101杂交选育而成。审定编号：豫审花 [2004] 001。

特征特性

属中早熟类型，全生育期120天左右。幼茎微红色、茎绿色；叶片椭圆形，中等大小，浓绿色；株型直立，疏枝，主茎高30～45厘米，侧枝长32～50厘米，总分枝6～10条，结果枝5～8条，连续开花，结果数每株15～25个；荚果为普通型，果嘴钝，网纹粗浅，果皮硬，百果重230克；子仁椭圆形、粉红色，种皮表面光滑，百仁重86克，出仁率68.5%。

2002年经农业部农产品质量监督检验测试中心（郑州）分析，子仁蛋白质含量为25.31%，粗脂肪含量为52.81%，油酸含量为43.8%，亚油酸含量为34.1%。

2003年经河南省农业科学院植物保护研究所调查，抗叶斑病、网斑病和病毒病，高抗锈病；抗旱性强，抗倒性好。

2001年参加河南省麦套花生区域试验，平均亩产荚果308.3千克，亩产子仁

211.9千克，分别比对照豫花8号增产12.1%和7.8%，均达极显著水平，荚果居9个参试品种第一位，子仁居9个参试品种第三位，八个试点全部增产。2002年续试，平均亩产荚果293.8千克，亩产子仁201.3千克，分别比对照豫花8号增产11.5%和3.5%，均达极显著水平，荚果居9个参试品种第一位，子仁居9个参试品种第二位，九个试点全部增产。两年17个试点平均亩产荚果300.6千克，亩产子仁206.3千克，分别比对照豫花8号增产11.8%和5.5%。

2003年参加河南省花生生产试验，平均亩产荚果153.3千克，亩产子仁103.3千克，分别比对照豫花8号增产14.8%和10.7%，荚果居4个参试品种第一位，子仁居4个参试品种第二位。

栽培特点

适宜在河南省各地麦套或春直播种植，一般亩产荚果300千克。麦垄套种在5月20日左右播种，春播在4月下旬或5月上旬；每亩10 000穴左右，每穴2粒，高肥水地块每亩可种植9 000穴左右，旱薄地每亩可增加到11 000穴左右。麦垄套种，麦收后要及时中耕灭茬，早追肥（每亩尿素15千克），促苗早发；中期，高产田块要抓好化控措施，在盛花后期或株高达35厘米以上时适时控旺，防旺长、倒伏；后期应注意旱浇涝排，适时进行根外追肥，补充营养，促进果实发育充实。

12. 豫花15

品种来源

河南省农业科学院棉花油料研究所1999年育成，原代号"86036"，亲本是徐7506-57和P12。2001年通过北京市农作物品种审定委员会审定。

特征特性

早熟大粒型花生品种，春播地膜覆盖生育期为128～131天；植株为直立疏枝型，连续开花，出苗整齐；叶椭圆形，深绿色。苗期长势强，后期不早衰，植株较矮，抗倒伏。主茎高34.0～40.5厘米，侧枝长36.9～42.0厘米，有效枝长7.0～20.4厘米，分枝数7～8条，结果枝数5～6条；单株饱果数13个，饱果率79.7%，单株生产力21克。荚果普通型，百果重210.8克，百仁重99.3克，子仁椭圆形，种皮粉红色，出米率73.9～77.4%。抗旱性中等，抗枯萎病、锈病，中抗叶斑病。区域试验，荚果产量317.67千克/亩，子仁产量242.94千克/亩。蛋白质含量25.10%，脂肪含量56.16%。

栽培特点

春播花生4月下旬或5月上旬播种,密度1.0~1.1万穴/亩,每穴2粒,高肥水条件下0.9万穴/亩。加强田间管理,注意苗期病虫害防治;中期应看苗管理,促控结合,高产田块要谨防旺长倒伏(一般在盛花后期要适时控旺);后期注意养根护叶,及时通过叶面喷肥补充营养,并加强叶部病害的防治;成熟后及时收获,谨防田间发芽。

13. 粤油13

品种来源

广东省农业科学院作物研究所选育而成,粤油202-35/汕油523/台山三粒肉/中花5号。审定编号:粤审油[2006]002。

特征特性

主茎高46.8~52.5厘米,分枝长50.4~54.9厘米,总分枝数7.5~8.2条,有效分枝5.9~6.1条。主茎叶数17.1~18.8片,叶片大小中等,叶色深绿。单株果数13.7~14.5个,饱果率78.5%~84.7%,双仁果率80.3%~83.9%,百果重192.9~198.7克,500克果数303.8~311.8个,出仁率66.0%;子仁含油率52.4%~53.2%,蛋白质含量26.6%。中感青枯病,田间表现中抗叶斑病,高抗锈病,耐旱性、抗倒性和耐涝性均较强。

2004年参加省区域试验,干荚果平均亩产324.08千克,比对照汕油523增产11.5%,增产极显著;2005年复试,平均亩产277.97千克,增产14.88%,增产极显著。

栽培特点

该品种不宜在花生连作田种植,每亩播0.9万~1.0万穴为宜,注意防治青枯病。

14. 徐花9号

品种来源

江苏省徐州市农业科学研究所选育而成,7920-79×鲁花6号(RH321)。审定编号:苏审花生[2003]001。

特征特性

属中间型早熟中粒品种,出苗快而整齐,长势强。叶片椭圆形,深绿色;株型直立,疏枝,连续开花。在中上等肥力水平、每亩9 000~10 000穴的密度条件下,主茎高49厘米左右,侧枝长52厘米左右,总分枝6~9条,结果枝6条左右;叶片椭圆形,较大，深绿色；荚果普通形，中等大小，子仁椭圆形，种皮粉红色，无褐斑和裂纹；百果重191.5克，百仁重81.6克，500克果数364个，500克仁数778粒，出仁率72.7%。经南京农业大学理化测试中心测试，子仁粗脂肪含量60.89%（超过了国家高油品种55%的标准），蛋白质含量21.07%。早熟品种，夏播生育期116天。抗倒性、抗旱性、抗病性强，耐湿性中等。

1999～2000年参加连云港市、徐州市夏花生新品种区域试验，1999年平均亩产荚果275.12千克，比对照鲁花14号增产10.77%，增产显著；2000年平均亩产荚果264.8千克，比对照增产11.68%，增产极显著。两年平均亩产荚果269.96千克，比对照鲁花14号增产11.21%，增产显著；平均亩产子仁196.34千克，比对照增产14.2%，增产极显著。2001年进行生产试验，平均亩产荚果263.4千克，比对照增产11.6%。

栽培特点

(1) 要选肥力中上等、排水良好的沙土、沙壤土种植，重黏土不宜种植。

(2) 力争早播　该品种适宜夏播，播期越早，产量越高，品质越好。麦收后要力争足墒早播，最晚不过6月20日，且要求一播全苗。

(3) 合理密植　一般中等肥力的地块夏播每亩9 000～10 000穴，每穴2～3粒。

(4) 施足基肥，增施有机肥　中等肥力的地块，麦收后结合灭茬亩施土杂肥3～5方、复合肥（氮、磷、钾总含量25%）或花生专用肥40～50千克、尿素5～7千克作底肥，旋耕掺和入土。有条件的可采用起垄和地膜覆盖栽培技术。

(5) 做好田间管理及病虫草害的防治工作：播种前药剂拌种预防茎腐病，苗期及时防治蚜虫、枯萎病。即将封行时，结合中耕培土，防治蛴螬等地下害虫。整个生育期要及时除草，雨季要做好排涝降渍工作。及时收获晒干，预防霉烂、发芽、变质，确保丰产丰收。

15. 徐旱花1号

品种来源

江苏省徐州市农业科学研究所选育而成。

特征特性

该品种属早熟直立大果型品种，春播保护地栽培95天左右鲜果即可上市，经济效益较高。主茎高40～50厘米，分枝7～8条，株型紧凑，结果集中，果大形美，百果鲜重584.3克，鲜花生香、甜、脆，适口性好。抗旱耐渍，叶部病害轻，适宜多种栽培方法。

双膜覆盖栽培可于3月中旬~4月中旬（地表5厘米处的地温稳定在15℃左右）播种，地膜覆盖4月中旬~7月上旬均能播种，露地栽培于4月下旬~6月中旬播种。

该品种参加菜用型花生品种区域试验，平均亩产鲜果691.2千克，比对照品种鲁花9号增产14.7%。参加生产试验，平均亩产鲜果663.2千克，增产17.5%。铜山县三堡镇农技站采用地膜覆盖栽培技术，最高亩产鲜果1 055千克。

16. 湛油62

品种来源

湛江市农业科学研究所用F4（湛油30/CS41）与梧油6号杂交选育而成。审定编号：粤审油[2003]001。

特征特性

珍珠豆型。春植全生育期124天，与汕油523相当，生长势强。主茎高49.5厘米，分枝长50.5厘米，总分枝数8.2条，有效分枝6.6条。主茎叶数19.5片，收获时主茎青叶数6.2片。单株果数14.3个，饱果率80.6%，双仁果率79.2%，百果重162.7克，500克果数371.9个，出仁率69.2%，子仁粗脂肪（干基）含量49.3%，花生果粗脂肪（干基）含量36.3%，花生仁粗蛋白质（干基）含量27.1%。果壳较薄，抗旱性、抗倒性和耐涝性均较强，高抗叶斑病（自然发病级数2.6级）和锈病（自然发病级数2.7级）。

2000~2001年参加省区域试验，平均亩产260.35千克，比对照汕油523（CK1）增产24.33千克，增幅10.31%，比对照粤油256（CK2）增产54.72千克，增幅26.61%，增产均达极显著水平；平均每亩子仁产量190.16千克，比汕油523增产20.61千克，增幅12.92%，比粤油256增产36.42千克，增幅25.34%。

栽培特点

适合广东省各地水旱轮作田春、秋季种植。选择水田或有水源灌溉的旱坡地种植，栽培密度以春植1.9万~2.0万粒、秋植2.0万~2.2万粒为宜，有机肥和N、P、K肥一次性全层基施。

17. 湛油55

品种来源

湛江市农业科学研究所选育而成。国家级审定编号：粤审油[2006]001。

特征特性

珍珠豆型花生品种。春植全生育期125天，与汕油523接近。株型直立紧凑，主茎高51.8~58.2厘米，分枝长55.5~57.5厘米，总分枝数7.0~7.7条，有效分枝5.3~6.3条。主茎叶数18.8~19.8片，收获时主茎青叶数6.9~8.4片，叶片大小中等，叶色绿。单株果数14.1~16.5个，饱果率79.0%~84.8%，双仁果率82.0%~84.9%，百果重181.6~195克，500克果数308~349个，出仁率68.9%~69.8%。荚果蚕形，果嘴较短，网纹浅。子仁椭圆形，种皮粉红色，无裂纹，果形、仁形美观。人工接种鉴定为高感青枯病，田间表现高抗锈病（2.3级）和叶斑病（1.9级）。抗倒性和耐旱性强，耐涝性中等。粗脂肪含量51.36%，粗蛋白含量27.00%，油酸含量44.4%，亚油酸含量35.4%，O/L值为1.25。

2002年参加省区域试验，平均亩产荚果311.3千克，比对照汕油523增产9.75%，增产极显著；子仁产量217.29千克，比对照增产8.36%，增产显著。2003年复试，平均亩产荚果271.38千克，子仁产量186.98千克，分别比汕油523增产12.16%和9.61%，均达极显著水平。

栽培特点

适合广东省各地无青枯病的田块春、秋季种植。宜选择无青枯病的水田或有水浇灌的旱坡地种植，种植密度以1.9万~2.1万株/亩为宜，株行距为20厘米×23厘米，每穴播2粒种子。

（二）因地制宜，选用良种

适合北方花生产区优质、高产、抗性好的品种有：海花1号、丰花1号、山花9号、花育22号、花育25号、花育26号、临花5号、豫花9号、豫花15、豫花9331；适合华南花生产区优质、高产、抗性好的品种有：湛油62、湛油55、粤油13等；适合长江流域花生产区优质、高产、抗性好的品种有：丰花1号、中花4号、徐旱花1号、徐花9号等。青枯病发病重的区域如华东沿海地区和华南花生产区种植"日花1号"。

三、土壤改良

（一）整地

多年的实践证明，山丘旱薄地要获取花生高产稳产，必须在整修水平梯田上狠下功夫,把跑水、跑土和跑肥的"三跑田"逐步改造成保水、保土和保肥的"三保田"。自20世纪70年代以来,有不少山丘旱薄地区的村镇采取"切下填上、起高填低""抽石换土、客土造地""挖沟修堰、跌水澄沙"等整地措施,把土质瘠薄的斜坡地整成了土层深厚、上下两平、能排能灌的高产稳产田,实现了粮油双高产。

1. 上下两平,不乱土层

为使新整农田当年创高产,在整地标准上首先要求地上和地下达到"两平"。地上平是为了减少雨后径流,防止水土流失,有利于排灌,故应根据水源和排灌方向,保持一定的坡降比例,一般梯田的纵向为0.3%~0.5%,横向为0.1%~0.2%。地下平是要求土层保持一定的厚度,不能一头厚、一头薄或一边深、一边浅。如果土层深浅不等,花生的生长就会不一致,达不到平衡增产的目的。一般土层深度要求保持在50厘米以上。在注意两平的同时,还要掌握生土在下、熟土在上、不乱土层的原则,即土层厚度在50厘米以上时,先填生土,后垫熟土,使熟土层保持在20~25厘米为宜;或者采取"两生夹一熟"的办法,即在熟土上垫3~5厘米厚的生土,进行浅耕混合,以促进生土熟化。

2. 三沟配套,能排能灌

新整农田要建成高产稳产田,除结合水利配套设施,搞好排灌系统外,还要抓好三沟配套,做到防冲防旱、能排能灌。

(1)堰下沟:根据梯田宽窄,在梯田里挖一条上宽40~100厘米、下宽15~30厘米、深30~40厘米、与上层梯田平行的沟,并在下水头的沟口修一个水簸箕,主要用来排渗水和地面积水。

(2)揽腰沟:花生播种后,从梯田的上水头由外开始,每隔20~60米垂直或斜向堰下沟,挖一条宽30~35厘米、深15~20厘米、排灌两用的浅沟,沟口上方与地面平,下方高出地面,降雨时把拦截的径流水顺堰下沟排出,天旱灌溉时作为横向灌水沟。

(3)垄沟(畦沟):花生单垄种或双垄种的垄沟要与地堰和堰下沟平行,雨季能将多余的雨水排向揽腰沟;旱天灌溉时,可作为灌水沟。

(二)深耕改土

1. 深耕的好处

花生的根系随着耕层的加深而扩大其伸展范围,根的总量明显增加。浅耕时,花生根群主要分布在20厘米深的土层内,深耕则可扩展至30厘米深的土层中。据研究,花生根系干重与茎叶比的比重越大,单株结果数越多。如根系干重为1,其茎叶比为

8时,单株结果8.3个;为6时,单株结果14个;为5时,单株结果16个。播种后两个半月的花生,在20厘米深处根系的吸收量最大,远比棉花和玉米深。据研究,小麦、玉米、粟和花生四种作物相比,深耕对花生增产特别明显,上百处试验对比,耕深18厘米以上比不足14厘米的增产20%~40%。据山东省临沂市农业科学院调查,花针期42天无雨,深耕30厘米比15厘米亩增产达36~78千克。

图31 深耕示意图

图32 深耕示意图

2. 深耕增产的原因

花生田深耕,冬耕优于春耕,春耕切勿过"清明",以利于冬贮雨雪,消灭病虫,防止"清明"节后蒸发量大,跑墒多。花生田深耕不仅当年增产,而且连续3年都有明显的增产效果。沙性大的花生田,土壤保水能力差,结合深耕,压入黏质土,可显著增产。黏性大通透性差的土壤,每亩压沙20米^{3}左右,然后耕耙或冬压春刨,使其与黏质土混合均匀,也能增产18%以上。深耕增产的原因:一是加深了活土层,增强了抗旱耐涝的能力。机犁耕比牛犁耕的活土层加深15~25厘米,改善了土壤结构,土壤容重减小,孔隙度增大,扩大了贮水范围,加快了渗水速度,有利于花生根系分生发展,从而增强了抗旱耐涝能力。二是加速了土壤熟化,扩大了根系的营养范围。机犁深耕促进了耕层土壤微生物的活动,使土层中难溶性的有机养分和矿物质养分得以释放,提高了土壤速效养分的含量,从而扩大了花生根系营养吸收的范围,使根量随耕深而增加,因而花生根深叶茂,产量高。

3. 深耕的技术要求

(1) 深耕要不乱土层:深耕过深易打乱土层,翻上的生土过多,当年冻融熟化不透,达不到预期的增产效果。据试验,棕壤性黄黏壤土深翻40厘米,上翻下松、不乱土层的亩产荚果268.2千克,深耕打乱土层的亩产荚果245.3千克,比上翻下松、不乱土层的减产8.5%。因此,机犁深耕要在犁铧下带松土铲,以达到上翻下松、不乱土层的要求。

(2)前茬深耕:麦套和夏直播花生要获得高产,应选择土层深厚、有排灌条件、肥力中等或中等以上的生茬地,并根据土质及肥力情况进行前茬深耕,对创造高产土体,协调气、水矛盾,提高麦田套种花生的产量均是非常显著的。据对小垄宽幅小麦套种花生进行试验,连续3年小麦播种前深耕30厘米,小麦累计产量972.9千克/亩,花生累计产量884.6千克/亩,较连续3年浅耕16.5厘米,增产小麦105.6千克/亩、花生74.3千克/亩,小麦、花生合计增产约11%;3年中连续2年深耕30厘米,增产小麦89.8千克/亩,增产花生73.1千克/亩,小麦和花生合计增产约10%;3年中只第一年深耕30厘米,增产小麦101.7千克/亩、花生70.7千克/亩,小麦和花生合计增产达10%,可见连续3年深耕和2年深耕与只深耕1年的增产效果无显著差异。

(三)轮作

花生忌连作,连作时花生植株矮小,落叶早,结果少,荚果也小,常可减产1/3,连作3年以上时减产更大。花生连作减产的原因与病害和土壤密切相关。

1. 连作为病原提供了有利的生活和繁殖条件

据日本研究报道,重茬3年的花生田,叶斑病加重,7月21日落叶已经达到40.8%,而生茬地只有2.1%。连作也易加重根腐病、茎腐病、白绢病和青枯病等的危害程度,据山东省临沂市农业科学院调查,有根腐病、茎腐病、白绢病和青枯病的花生田,生茬地发病率为7.69%,两年三作田为25.56%,连作六年的则达67.44%。花生根结线虫病在连作地危害加重,轮作时则不致发展成明显危害,甚至原来100%发生的田块,经三年轮作也可降至10%。轮作还可大大减轻蛴螬等地下害虫的危害。

2. 土壤问题

研究表明,在正常的施肥条件下,花生连作土壤有效养分出现不同程度的积累,并随着连作年限的延长而增加,各种有效养分含量的变化顺序为磷>氮>钙>镁>钾。连作还使土壤有效养分的比例发生较大的变化,特别是氮/磷、钾/磷、钾/硫、钙/镁的比值明显下降,引起土壤养分失调,肥料利用率明显降低。另一方面,连作使根的吸收能力减弱,土壤营养供给失衡。第三,长期种植某一种作物,使得农田土壤长期处于一种理化(如厌氧)条件下,也会发生有毒物质的累积,如有机酸、酚类等根系分泌物的累积,从而抑制作物生长和发育。

连作减产也和土壤养分不平衡有关系,据报道,重茬四年的花生田,土壤有效锌为0.44毫克/千克,低于临界值0.5毫克/千克。

 土壤障碍修复技术

该项技术是由山东省临沂市农业科学院高级农艺师范永强与莒南县农业局高级农艺师贾忠金等联合济南润土农业科技有限公司和德国阿兹肯中国投资有限公司通过近十年的试验研究获得的一项花生土壤障碍修复技术。

1. 春露地或地膜覆盖、夏直播和麦套花生盐酸化土壤修复诀窍

春(夏)花生结合整地或播种、麦套花生结合小麦收获后灭茬每亩施用氰氨化钙5～10千克、硫酸锌400～1000克、硼砂400～500克、农用微生物菌剂(有机质＞70%,微生物＞5亿/克)40～50千克。

2. 春地膜覆盖花生盐碱地土壤修复诀窍

结合整地每亩施用氰氨化钙2～5千克、硫酸锌400～1000克、农用微生物菌剂(有机质＞70%,微生物＞5亿/克)80～100千克。

3. 春露地或地膜覆盖、夏直播猪粪污染土壤障碍修复诀窍

结合整地每亩施用氰氨化钙10～20千克、农用微生物菌剂(有机质＞70%,微生物＞5亿/克)80～100千克。

四、测土配方施肥

(一)根据土壤条件施肥

1. 我国土壤养分的现状

(1)大量元素:在大量元素中,我国农田土壤的氮素水平呈南北地区普遍偏高的趋势,土壤速效磷的含量基本表现东部地区大于西部地区的特点,东部沿海地区土壤有效磷的含量偏高。西部地区土壤有效钾的含量较高,近几年东北地区土壤有效钾消耗得十分严重,所以我国东北地区和长江流域土壤有效钾的含量偏低,西北地区土壤氮素和有效磷的含量偏低。

(2)中微量元素：我国东南沿海地区土壤有效钙和镁的含量较低，东北地区土壤有效钙和镁的含量较高，但有效硫的含量较低。从总体来看，缺钙和镁的地区主要是南方。在南方地区土壤有效硼的含量较低，西北地区含量较高，微量元素铜、锌、铁和锰的含量北方较低、南方较高。

2. 花生对土壤肥力的要求

据国内研究，花生所需要的部分氮素和全部磷、钾、钙等大量元素及各种微量元素均来自于土壤和肥料。在高产栽培条件下，土壤供氮量占花生植株体总氮量的84.6%~91.5%（含根瘤菌供氮），土壤供磷量占植株体总磷量的81.2%~84.9%，土壤供钾量占植株体总钾量的65.4%~79.9%。花生对当季所施肥料的吸收利用率很低，氮素（N）吸收量仅占植株体总氮量的8.5%~15.4%，磷（P_2O_5）仅为植株体总量的15.1%~18.5%，钾（K_2O）为20.1%~34.6%。可见，如果土壤肥力低，且施肥量少，则虽可提高根瘤菌的供氮量，但花生产量低，即使当季多施肥，也难以当季获得高产；而土壤肥力高，再适当增施肥料，虽然根瘤菌的供氮量减少，但即使当季施肥量较少，亦可获得较高的产量。

（二）根据花生对矿物营养的需求施肥

1. 花生对矿物营养的需求量

据山东省花生研究所测定，亩产荚果在300千克以内时，每生产100千克所需要的氮、磷、钾三要素早熟品种为氮（N）4.9~5.2千克，磷（P_2O_5）0.9~1.0千克，钾（K_2O）1.9~2.0千克；中熟品种的需要量多些，分别为5.2千克、1千克和2.4千克；晚熟品种的需要量更多些，分别为6.0~6.4千克、1.0~1.1千克和3.3~3.4千克。亩产荚果300千克以上时，每产100千克荚果氮、磷、钾的需肥量有减少的趋势。就以上各个值来看，花生对氮、磷、钾三要素的吸收量之比大致为5:1:3。

花生为喜钙作物，据美国研究报道，亩产荚果231.8~332.7千克时，需要的钙为3.62~8.57千克，在矿物营养中仅次于对钾的吸收量，并有随着产量的提高而增加的趋势。

2. 花生对矿物营养的吸收与分配动态

(1)春花生氮、磷、钾、钙在植株体内的吸收与分配动态：

①吸收动态。高产花生对氮、磷、钾、钙的吸收分配动态基本是一致的，其吸收量均随植株的生育进程逐步累加，至饱果成熟期达到最大值。阶段吸收高峰（除钾素有所提前外）均出现在生长最旺盛的结荚期。

营养体（根、茎、叶）和生殖体（果针、幼果和荚果）的阶段吸收量有所不同，营养体的吸收高峰在开花下针期，氮、磷、钾、钙分别占各自总量的27.5%、34.36%、47.25%和33.4%；生殖体的吸收高峰在结荚期，分别占各自总量的49.29%、55.9%、29.02%和7.1%。表明花生开花下针期是根际营养吸收的最盛期，也是营养吸收重新分配的转折点。

总之，花生对养分的吸收，出苗前主要来自种子本身的贮藏。出苗后，苗期吸收的养分约占其一生需要量的10%，晚熟品种更少，氮、磷占6.3%，钾为7.4%。80%多的养分是在开花下针期与结实期间吸收的。

②分配动态。包括中微量元素在内的各养分在花生植株体内的分布，氮、磷和锌均是种子内含量最高，钙和锰则是叶片内含量最高，钾与铁在茎叶中、硫和铜在根内、镁在叶内含量最高。花生果壳内的氮、磷、钾、镁、硫、锌和铜及种子内的钙、铁、锰的含量最低。据尼日利亚报道，花生吸收的养分，保留在种仁中的平均量，氮为63%、磷为68%、钾为23%、镁为24%、钙为4%。

据山东省花生研究所对大量单产7 500千克/公顷以上高产田的完熟植株测定，氮在荚果中的含量最高，占全株总量的56%~76%；其次是叶片，占12%~30%。磷素在荚果中含量较高，占全株总磷量的62%~79%；钾素在茎中含量较高，占全株总钾量的33.3%~39.3%，荚果中含量次之，占全株总量的30.0%~36.1%；钙素叶部含量最高，占全株总钙量的50%~55%，其次是茎蔓，占26%~32%。

(2) 麦套和夏直播花生对矿物营养的吸收规律：麦套和夏直播花生，除大垄宽幅小麦套种花生，因套种期早、生育期长，其需肥规律与春播花生相似外，其他套种方式则与夏直播花生相近。夏直播花生高产地块根瘤数量不多，固氮能力不强，根瘤菌的供氮量一般不超过需氮总量的50%；而且夏直播花生生育期短，生长高峰期突出，需肥强度大。在夏直播花生需肥高峰期内，需肥最多时估计需氮(N)4.536千克/公顷·天、磷(P_2O_5)0.585千克/公顷·天、钾(K_2O)1.8千克/公顷·天。因此，高产夏直播花生需肥数量相当可观，需要土壤有很强的供肥能力。山东省临沂市农业科学院采用池栽方法种植夏花生，通过人工掺和不同数量的肥料，形成不同的土壤肥力等级。结果表明，随着土壤肥力的提高，花生营养生长明显增强，产量形成期（结荚至收获）叶面积和单株果重显著增加。

夏直播花生植株体内N、P的积累动态呈S形曲线变化，积累高峰在结荚期，P比N提前10天达积累高峰。在结荚期N、P的阶段积累量分别占全生育期的58%和63%。

K的积累高峰在结荚初期,比N、P提前达到积累高峰。

(三)施肥技术

1. 春花生施肥技术

针对我国目前的土壤现状和花生的需肥规律,花生施肥的总体原则是:东部地区"减氮减磷增钾增锌补钙补铁",中部地区"减氮控磷增钾增锌",西部地区"减氮增磷补钾",大力推广测土平衡施肥技术。高产攻关田全生育期亩施纯氮7.5~10.0千克,磷(P_2O_5)8.4~11.2千克,钾(K_2O)14.4~19.2千克,氰氨化钙5.0~7.5千克,$N:P_2O_5:K_2O$为1:0.7:1.2;一般高产田全生育期亩施纯氮7~9千克,磷(P_2O_5)4.3~8.1千克,钾(K_2O)8.4~10.8千克,氰氯化钙5千克,$N:P_2O_5:K_2O$为1:0.9:1.2;中低产田一般亩施纯氮4~6千克,磷(P_2O_5)4~6千克,钾(K_2O)4.8~5.2千克,氰氨化钙5千克,$N:P_2O_5:K_2O$为1:1:1.2。

根据我国花生产区的土壤养分丰缺情况和花生的需肥特点,应适当增加微量元素肥料的施用。每亩施用颗粒锌肥500~1 000克、大颗粒硼肥200~400克,团棵期至初花期结合病虫害防治喷施EDTA铁肥1 500倍液,生育期间连续喷施2~3次。

2. 麦套和夏直播花生高产施肥技术

麦套和夏直播花生分别在小麦行间套种和麦收后抢播,因时间紧、任务重,难以按花生的需肥量施肥。要获得小麦和花生双高产,必须实行一体化施肥。据研究,要获得小麦、花生的最高产量,小麦、花生的分配比例为N1:(0.25~0.33),P_2O_5 1:(0.31~0.36),K_2O 1:(0.2~0.3)。

山东农业大学与山东省临沂市农业科学院采用四因素二次回归旋转回归组合设计试验,高产夏直播花生有机肥、氮、磷、钾增产效应的顺序是磷肥>有机肥>钾肥>氮肥,即施用磷肥的增产效果最好,其次是有机肥。某种肥料的效应最高点随着其他肥料用量的增加而提高,故其他肥料的用量加大时,也应相应增加该种肥料的施用量,否则该因子将成为限制因素。

磷肥和有机肥、磷肥和钾肥之间有明显的正交互效应,它们之间对产量的效应有相互促进的作用。增施磷肥能促进氮肥效果的发挥,增施有机肥能促进磷肥效果的发挥。因此,应注意肥料间的配合作用。

对上述模型仿真模拟,通过频次分析确定,在试验条件下,亩产400千克花生荚果的优化施肥量为有机肥2 500~3 000千克/亩、纯氮5.5~6.6千克/亩、P_2O_5 5.5~6.0千克/亩、K_2O 6.8~7.7千克/亩。

夏直播花生要早施提苗肥，酌情追肥。小麦收获后，要结合中耕灭茬、浇水，及早追施提苗肥，起到苗肥花用的作用，为花生中后期生长发育奠定基础。据多点试验，追施生物有机肥和三要素功能性复合肥效果更好，优质生物有机肥（2亿个/克）40~50千克/亩、腐殖酸（氨基酸）螯合型高氮高钾复合肥50千克/亩。追肥时间以初花期前为宜，否则追肥过晚起不到提苗的作用，且易引起花生徒长。花生生育中期易缺铁，花生苗黄化，可叶面喷施1 500倍的EDTA铁肥溶液，每隔7天喷一次，连喷2~3次。

五、播种技术

（一）播种准备

1. 选种

花生播种用的种子应自收获时即注意选种，选取具有本品种特点的丰产株，再结合晒干摘果，选择成熟良好的饱满大果留种。每亩的用种量约为25千克荚果，以保证选粒时有充足的余地。剥壳后，选皮色良好、粒大饱满的种子作种。据报道，播种粒重0.9克以上的种子，可较0.5~0.6克的增产成熟荚果24%；播种粒重0.8~0.9克的，增产也接近17%。在不精选的情况下，播种单粒果实的种子，因其平均粒重较大，常可提高产量。但在精选的情况下，同为成熟良好且粒重相同的种子，播种双粒果的种子尤其是前粒种子更好。据山东省调查，与不分级对比，一级种子增产16.4%，二级种子增产4.3%。

图33　花生选种情况

图34　花生选种情况

2. 晒种

花生播种前晒种可增强种皮的透水性，加速种子的吸水过程，促进酶的活性，有利于种子内养分的转化,提高种子的发芽势和发芽率,出苗整齐,苗全、苗旺。若种子成熟度较差或贮藏期间受潮,则晒种的效果更显著。晒种在剥壳前3~4天进行,选择晴天天气,把花生果摊放在晒场上,厚度6厘米左右,连续晒2~3天,要经常翻动,要晒得均匀一致。严禁剥壳后暴晒花生仁,否则会使花生种皮破裂而影响发芽和出苗。

3. 剥壳

(1)剥壳时间:据试验,花生种剥壳过早,由于花生仁含蛋白质和脂肪多,吸湿能力强,很容易受潮湿等外界条件的影响而降低发芽势。再就是种子和空气接触,极易吸收空气中的水分,增强呼吸作用和酶的活动能力,过早消耗了部分养料,降低了生活力。另外,早剥壳的种子容易感染病菌,也影响出苗。一般来说,在播种前10~20天剥壳为宜。

(2)剥壳方式:花生种子剥壳宜采用人工剥壳的方式,不宜采用机器剥壳。如果采用机器剥壳,因为果壳大小和厚度等不一致,花生种仁受力不同,易损伤花生种仁中胚与子叶的衔接处,造成抵抗不良环境的能力特别是防御低温的能力下降,导致出苗慢、花生发芽势弱和发芽率降低,遇到低温年份会导致烂种等。

图35　花生人工播种情况

(二)播种

1. 播种期

(1)春播露地栽培的播种期:北方大花生春播露地栽培连续5天5厘米处的平均地温≥15℃为适宜播种期,辽、京、冀、鲁、豫、苏北和皖北的播种适期为4月中旬~5月上旬("谷雨"至"立夏")。长江中下游北部平原,如鄂东低平丘陵区,春花生在4月上旬播种;江汉平原4月中旬播种,苏、皖春花生4月下旬播种。长江中游南部丘陵区和赣北、四川盆地春花生播种期以3月下旬~4月上旬("春分"至"清明")为宜。云贵高原花生区、滇南春花生区3月下旬~4月下旬播种;元江流域及新平等地,播种期以4月下旬~5月中旬为宜。西北内陆花生区、甘肃、河西走廊和新疆4月下旬~5月上旬("立夏")播种为宜,东北早熟花生区的辽北、吉林、黑龙江东南部春花生5月上中旬("立夏"至"小满")播种为宜。

(2)春播地膜覆盖栽培的播种期：由于地膜的增温保温作用，同期5厘米处的平均地温比露栽高2.5℃。因此，播前连续5天5厘米处的平均地温达到12.5℃时，即为覆膜花生播种适期。如河南、河北、山东和陕西的中南部覆膜花生适期播种的范围一般集中在4月10~25日；陕西北部、河北北部和辽宁省多集中在4月20~30日，最偏北地区多在5月5日前后；四川的川北为3月20~30日，黄淮、长江中游地区以3月下旬~4月初为宜；广西的桂南多集中在2月20~30日。

(3)夏花生播种期：京、冀、鲁、豫、苏北和皖北麦套夏直播花生的播种期以5月中旬~6月中旬为宜；江汉平原在4月中旬；苏、皖麦套花生在5月上旬；四川麦套花生以4月上中旬（"清明"至"谷雨"）为宜；滇中和滇西夏花生区，播种期在5月上中旬，滇西南夏花生间作区以及金沙江流域春夏花生交作区以5月上中旬播种为宜。

随着麦田的扩展，春花生逐渐减少，近几年麦套花生受到重视。麦套花生，套种期应视小麦的生长情况而定，以尽量在争取花生生育期的同时，减少小麦对花生幼苗遮阳的影响。据日本研究，麦收时麦行间的光照为自然光照的60%，麦套花生可与春播同时进行，为40%时可在麦收前40天进行套种，如仅为25%，则可以在麦收前20天套种。山东农业大学与临沂市农业科学院研究证明，在350千克/亩以上的小麦高产田，亩穗数在30万左右，麦行底部的光照不及自然光的10%，麦收前20天套种产量高。麦收后待5天左右，使花生苗适应露地环境，受光充分，苗较健壮时再中耕灭茬，比麦收后当天灭茬反而增产。

2.播种密度

花生产量由亩穴数、每穴的果数和平均果重决定。花生的有效结果半径，蔓生性品种约为15厘米，立性品种大都在10厘米左右。稀植时单株结果数虽然多，但秕果率高，每亩的总果数及千克果数都下降。如密度过大，则每穴的果数减少，过熟果比率升高的危险性增大，其单位面积的产量和质量也不理想。研究与实践证明，受品种结实范围、地力、播种期等的影响，大花生的平均行距以40~50厘米为宜，穴距15~22厘米，小花生则以行距33~39厘米、穴距15~18厘米为宜。通常立蔓大花生行距42~46厘米，穴距15~18厘米，大花生每亩8 000穴左右，小花生10 000穴左右。而麦套或夏直播花生的生育期短，植株较矮，要充分利用地力、光能，充分发挥群体的增产潜力，必须适当增加密度，密度一般比春播增加20%左右。

3.播种深度

花生的播种深度要适宜，不能过深或过浅。播种过深出苗慢，苗弱，遇到低温年份更容易发生烂种现象;播种过浅,遇到干旱年份容易落干。据试验,花生播种深度为4.8厘米比8~9厘米增产68%,比6.5厘米增产荚果12.8%,种子增产10.3%,而与播种深度3.3厘米的产量相当。

图36　花生播种过深影响出苗的情况

图37　花生播种过深

六、花生病虫害最新防治技术

(一)种子包衣技术

1. 种衣剂

(1)种衣剂的概念:种衣剂是由杀虫剂、杀菌剂、微量元素、植物生长调节剂、缓释剂和成膜剂等经过先进工艺加工制成的,可直接或经稀释后包裹于种子表面,形成具有一定强度和通透性的保护膜。种衣剂于播种前使用,一方面可综合防治苗期病虫害,省药、省时、省工、省钱,有利于环境保护;另一方面,包衣后又能促进作物生长,使其根系强大、抗逆性强,可保产和增产,经济效益和生态效益显著。

(2)发展历史:我国使用种子处理剂的历史较悠久,古代就有温汤泡种和药剂浸种,早在西汉年间的农书《农胜之书》中就有记载。20世纪50年代,我国开始推广浸种和拌种技术用于防治地下害虫,以保护种子正常生长发育。20世纪70年代末开始种衣剂的研究工作,80年代进入田间试验示范阶段,90年代逐步推广应用。1981年中国研制成功了适用于牧草种子飞播的种子包衣技术,1983年成功研制了由克百威和多菌灵组成的国内第一个种衣剂产品,主要用于玉米、小麦、棉花、水稻、大豆、蔬菜等作物。从

1985年到1993年，国内建起了多家新技术种衣剂厂，开发了适宜在不同地区、防治不同作物不同病虫害的一系列化合物。在这些种衣剂中，多功能、防治多种病害的复合型种衣剂较多，病虫复合型种衣剂占种衣剂品种的40%左右，此外还有一些药肥复合型种衣剂。

（3）种衣剂的特点：用种衣剂处理种子，种衣剂在土壤中遇水膨胀透气而不溶解，有效成分在种子发芽的过程中只有少量被吸收，有效成分在土壤中不移动，但却可以杀死种子表面及种皮内的病菌，因而在种子周围形成一个稳定而持久的保护圈；并且因为药剂或剂型（如微囊剂型）先进，种衣剂包覆种子后，农药一般不易迅速向周边扩散，且不受日晒雨淋和高温的影响，使农药化肥缓慢释放，持效期有的可长达4个月以上，有效杀灭作物整个生育期的地下害虫，有效防治作物土传病害，从而使种子正常发芽，提高种子的发芽率，减少种子的使用量。与其他防治方法相比，种衣剂紧贴种子，药力集中，利用率高，因而比喷雾、处理土壤、毒土等施药方法省药、省工、省种。种衣剂隐蔽使用，对大气、土壤无污染，不伤天敌，使用安全。

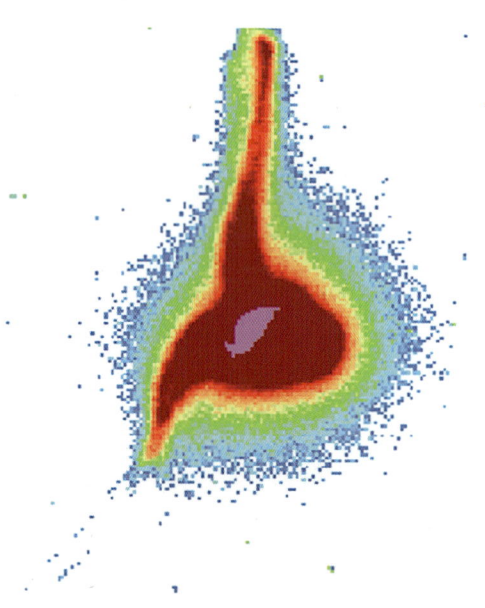

图38　种衣剂保护圈效应示意图

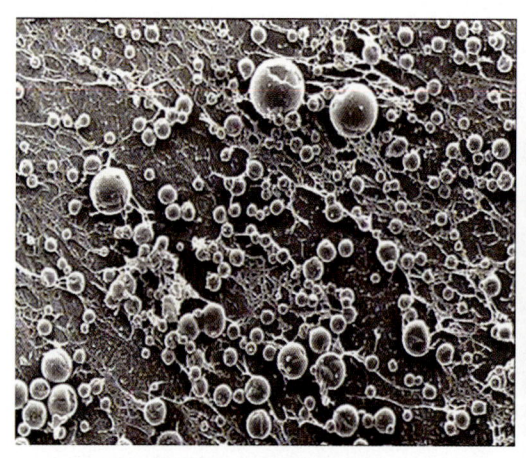

图39　种衣剂微囊形态

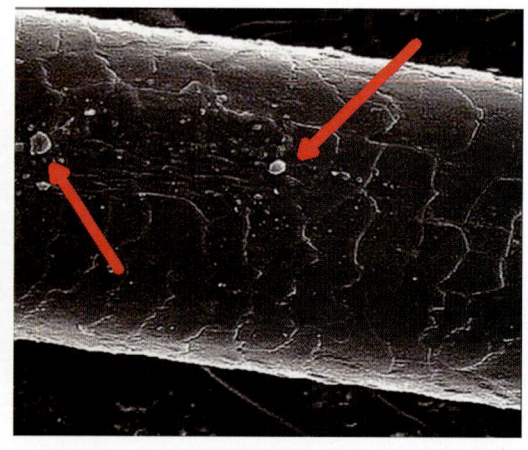

图40　种衣剂微囊与头发对比示意图

(4)种衣剂的分类:根据种衣剂的防治靶标,可分为杀菌剂种衣剂和杀虫剂种衣剂。目前市场上推广应用的种衣剂如表19。

表19　　　　　　　　　　　种衣剂的种类

类别	商品名	成　分	剂　型	适宜作物
杀菌种衣剂	禾姆	12%甲基硫菌灵·嘧菌酯·甲霜灵	悬浮种衣剂	油、棉作物
	适乐时	2.5%咯菌腈	悬浮种衣剂	粮、油、棉、蔬作物
	满适金	35%咯菌·精甲霜	悬浮种衣剂	粮、棉、油作物
	金阿普隆	35%精甲霜灵	种子处理乳剂	油、棉作物
	亮盾	62.5%精甲·咯菌腈	悬浮种衣剂	花生、水稻、大豆
	敌委丹	30%苯醚甲环唑	悬浮种衣剂	小麦
	适麦丹	4.8%苯醚·咯菌腈	悬浮种衣剂	粮、棉、油作物
	扑力猛	2.5%灭菌唑	悬浮种衣剂	花生、小麦
	立克秀	2%戊唑醇	湿拌种剂	小麦、玉米
	顶苗新	4.23%种菌唑·甲霜灵	微乳剂	粮、棉、油
	全蚀净	12.5%硅噻菌胺	悬浮剂	小麦
杀虫种衣剂	锐胜	70%噻虫嗪	可分散粉剂	粮、棉、油、蔬菜作物
	高巧	70%吡虫啉	悬浮种衣剂	棉花
	辛硫磷	30%辛硫磷	微囊悬浮剂	花生

2.不同药剂对病虫害的防治效果

(1)杀菌种衣剂拌种防治花生根腐病和茎腐病:据贾忠金、范永强等研究,不同杀菌种衣剂在要求的剂量条件下进行花生拌种,对花生出苗没有抑制作用,相反具有促进花生种子萌发、提高花生的发芽势和出苗率的作用,播种15天出苗率分别提高8%和11%,田间出苗率提高14%。

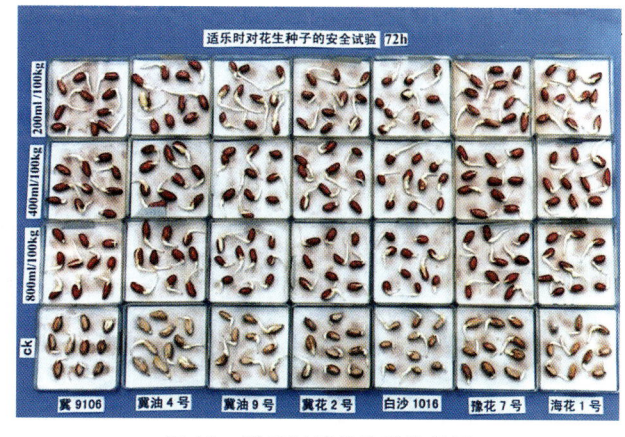

图41　适乐时拌花生种的效果

图42 种衣剂保护花生出苗效果

图43 花生适乐时拌种出苗情况

表20　　　　　　　　　不同杀菌种衣剂对花生出苗的影响

药　　剂	播后15天调查		播后18天调查	
	出苗株数	出苗率(%)	出苗株数	出苗率(%)
2.5%咯菌腈FS 1∶200	75	75	99	99
2.5%咯菌腈FS 1∶370	71	71	98	98
12%甲基硫菌灵·嘧菌酯·甲霜灵FS 1∶100	74	74	98	98
NEB（12毫克/亩）	70	70	86	86
40%多菌灵（50克/亩）	76	76	85	85
空白对照	63	63	84	84

注：每个处理调查50穴（理论值100株）

2.5%咯菌腈FS和12%甲基硫菌灵·嘧菌酯·甲霜灵FS在登记的剂量下，对花生土传病害根腐病和茎腐病的防治效果分别达到90%和86.7%，达极显著的防治效果；而多菌灵和ENB的防治效果较低，分别为66.7%和57.1%，达不到生产需要的要求。

表21　　　　　　　　　不同处理防病效果统计

药　　剂	调查株数	死棵数	死苗率(%)	防效(%)
2.5%咯菌腈FS 1∶200	724	1	0.13	96.9
2.5%咯菌腈FS 1∶370	722	4	0.55	86.9
12%甲基硫菌灵·嘧菌酯·甲霜灵FS 1∶100	724	3	0.41	90.0
40%多菌灵（50克/亩）	724	10	1.4	66.7
NEB（12毫升/亩）	723	13	1.80	57.1
空白对照	710	30	4.2	—

(2)生物菌剂拌种防治花生青枯病：花生青枯病是一种细菌性维管束病害，从幼苗期至荚果充实期均可发生，但花期发病最重。目前防治花生青枯病的主要措施是采取轮作和选用抗病品种，其他的农艺措施防效甚微。范永强、贾忠金等采取二因素 D 设计试验，用 2 亿 cfu/ 克多黏类芽孢杆菌或 2 亿 cfu/ 克海洋生物菌 200～300 克与 2.5% 咯菌腈悬浮种衣剂 40～60 毫升混合后拌种，能够有效防治花生青枯病，防治效果达到 87.9%。

(3)杀虫种衣剂拌种防治花生地下害虫：花生地下害虫主要以蛴螬为主（占 98% 以上），贾忠金、范永强等对不同药剂拌种防治花生地下害虫（蛴螬）的研究表明（试验方案见表 22），虫口密度在每平方米 5.7 头的条件下，所有供试的拌种剂对花生地下害虫的防治效果都取得显著效果。本次试验中，每亩用 70% 噻虫嗪种子可分散粉剂 60 克拌种处理表现最理想，保果率和防效都超过 90%，30% 氯虫·噻虫嗪悬浮剂和 20% 氯虫·噻虫嗪水分散粒剂的保果率达 90% 以上，防效 80% 以上。

表 22　　　　　　　　种衣剂防治地下害虫试验方案

处理药剂	剂　　量	防治效果（%）	保果率（%）
70% 噻虫嗪种子可分散粉剂	60 克 /15 千克种子	96.4	99.3
20% 氯虫·噻虫嗪水分散粒剂	16 克 /15 千克种子	89.6	96.2
30% 氯虫·噻虫嗪悬浮剂	40/15 千克种子	88.1	95.9
空白对照			89.6

试验结果还表明，不同的防虫种衣剂对花生的其他害虫也有不同的防治效果。30% 氯虫·噻虫嗪悬浮剂、20% 氯虫·噻虫嗪水分散粒剂和 70% 噻虫嗪种子可分散粉剂对苗期的蚜虫和蓟马也有不错的防治效果。

花生拌种防病防虫技术（一拌两防）

用 2.5% 咯菌腈悬浮种衣剂 40～80 毫升，或 12% 甲基硫菌灵·嘧菌酯·甲霜灵悬浮种衣剂 20～30 毫升，或 62.5% 精甲·咯菌腈悬浮种衣剂 20～30 毫升，或 4.8% 苯醚·咯菌腈悬浮种衣剂 20～40 毫升，或 25% 灭菌唑悬浮种衣剂 30 毫升 +70% 噻虫嗪种子可分散粉剂

40～60克，或70%吡虫啉悬浮剂、40%毒死蜱微胶囊、35%辛硫磷微胶囊350～500毫升拌种，方法简便，对种子安全，用药量少，效果好，是保护种子和幼苗免遭病菌特别是茎腐病、根腐病病菌侵染和花生地下害虫危害的最有效方法。

图44　花生人工拌种

图45　花生人工拌种

图46　花生半机械拌种

图47　花生机械拌种

（二）花生叶部病害安全高效防治技术

1. 不同药剂对花生叶部病害的防治结果

花生团棵期到饱果期的叶部病害主要是疮痂病、褐斑病、焦斑病、黑斑病和网斑病等，这些病害对花生产量的影响很大，轻则减产20%左右，重者减产80%以上，必须科学防治。据范永强、贾忠金等研究，不同的药剂对花生疮痂病的防治效果有显著的差异，防治效果最好的药剂为30%苯丙·环唑乳油、10%苯醚甲环唑水分散粒剂和40%氟硅唑乳油，防治效果达到95%以上，特别是30%苯丙·环唑乳油能达到100%，而70%甲基硫菌灵可湿性粉剂和25%三唑酮可湿性粉剂对花生疮痂病的防治效果很差。

表23　　　　　　　　　不同药剂防治花生疮痂病的试验结果

防病效果	药剂	70%甲基硫菌灵（WP）	25%三唑酮（WP）	10%苯醚甲环唑（WG）	40%氟硅唑（EC）	30%苯丙·环唑（EC）	25%嘧菌酯（SC）	清水
6.19	病株率(%)	0	0	0	0	0	0	0
6.29	病株率(%)	5.25	7.88	0	0	0	0.25	9.75
	防效(%)	46.2	19.2	100	100	100	97.4	/
7.14	病株率(%)	15.8	22.3	0.63	1.38	0	3.13	39
	防效(%)	59.6	42.9	98.4	96.5	100	92.0	/
7.29	病株率(%)	36.9	50.9	1.5	5.1	0.25	12.5	66
	防效(%)	44.1	23	97.7	92.2	99.6	81.1	/

不同的药剂对花生褐斑病、黑斑病、网斑病的防治效果不同，其中30%苯丙·环唑乳油和10%苯醚甲环唑水分散粒剂最好，防治效果可以达到60%以上，25%嘧菌酯乳油和常规药剂70%甲基硫菌灵可湿性粉剂、25%三唑酮可湿性粉剂的防治效果最低，仅达到13%~25%。

表24　　　　　　　　　不同药剂防治花生叶斑病的试验结果

防效	药剂	70%甲基硫菌灵（WP）500倍液	25%三唑酮（WP）500倍液	10%苯醚甲环唑环（WG）1 500倍液	40%氟硅唑（EC）	30%苯丙·环唑（EC）	25%嘧菌酯（SC）1 500倍液	清水
6.19	病情指数	0	0	0	0	0	0	0
9.1	病情指数	65.5	76.5	34.0	48.9	31.1	57.9	88.4
9.1	防效	25.9	13.5	61.6	44.7	64.8	34.6	/

2.不同药剂防治叶部病害对产量的影响

据范永强、贾忠金等研究，喷施不同的药剂防治花生叶部病害，一方面能增加花生的单株结果数和饱果数，从而提高花生产量，但对饱果率影响较小；另一方面，对增加花生总结果数和饱果数的效应不同，其中30%苯丙·环唑乳油和10%苯醚甲环唑水分散粒剂最好。

表25　　　　　不同药剂防治花生疮痂病、叶斑病对花生产量的影响

药剂 项目	30%苯·环唑(EC)	10%苯醚甲环唑(WG)	40%氟硅唑(EC)	25%嘧菌酯(SC)	70%甲基硫菌灵(WP)	25%三唑酮(WP)	清水(CK)
双粒饱果(个/株)	11.0	10.8	9.1	8.5	7.9	7.2	7.2
双粒秕果(个/株)	2.2	2.1	3.1	2.7	3.0	2.0	2.4
单粒饱果(个/株)	4.7	3.1	3.9	3.6	3.1	2.6	2.5
单粒秕果(个/株)	3.3	2.2	2.0	1.8	1.3	1.0	6.0
总饱果数(个/株)	15.7	13.9	13.0	12.1	11.0	9.8	9.7
总果数(个/株)	20.2	18.2	18.1	16.6	15.3	12.8	12.7
饱果率(%)	77.7	76.4	71.8	72.9	71.8	76.6	76.4
亩增产(千克)	96.6	89.8	70.4	29.5	15.8	2.5	
增产率(%)	40.1	37.7	29.6	12.4	6.7	1.1	

小知识　花生疮痂病、叶斑病高效防治技术

春花生在开花期、果针期和饱果期(夏花生在果针期和饱果期)分别喷施30%苯丙·环唑乳油1 500倍液或10%苯醚甲环唑水分散粒剂1 500倍液,另加中化磷酸二氢钾500倍液。

3. 花生地上部虫害安全高效防治技术

(1)蚜虫或蓟马安全高效防治:春花生出苗后发现有蚜虫或蓟马时,喷施25%吡蚜酮可湿性粉剂、10%(25%、35%)吡虫啉可湿性粉剂或70%啶虫脒可湿性粉剂5 000倍液。

(2)红蜘蛛安全高效防治:如果发现有红蜘蛛发生,可喷施57%炔螨特EC 1 500倍液,或11%乙螨唑SC 1 500倍液,或75%克螨特乳油1 000倍液,或20%螨克乳油1 000~1 500倍液,或25%三唑锡可湿性粉剂1 000~1 500倍液,或5%噻螨酮乳油800~1 000倍液。

(3)甜菜夜蛾、豆蓝丽金龟和棉铃虫安全高效防治:发现有甜菜夜蛾或棉铃虫发生时,可喷施毒死蜱乳油系列、灭幼脲悬浮剂系列、氯虫苯甲酰胺系列、1%甲氨基阿维

菌素苯甲酸盐乳油、10%溴虫腈悬浮剂、15%茚虫威悬浮剂、20%虫酰肼悬浮剂、24%甲氧虫酰肼悬浮剂、5%氟啶脲乳油、4.5%高效氯氰菊酯乳油、90%灭多威可湿性粉剂等杀虫剂。

七、化学除草技术

花生田杂草与花生争夺养分、水分和光照等资源，妨碍花生正常生长，造成花生减产和品质下降，严重时甚至造成毁种，因此消灭草害是花生生产的一大措施。花生田除草包括人工除草和化学除草，化学除草具有省工、省时、成本低等诸多优点，是现代花生生产不可缺少的除草手段。因此，化学除草在花生生产上被广泛应用。

（一）化学防治的方式

目前花生田杂草的化学防除分土壤处理、茎叶处理和物理处理三种除草方式。

（1）土壤处理：花生播种后尚未出苗前针对不同的杂草类型选用不同的除草剂喷施于土表，将未出土的杂草杀死。这种除草方式可有效减轻苗期杂草的危害，为花生大苗、壮苗打下基础。

（2）茎叶处理：在花生3～5叶期、杂草2～5叶期，对茎叶均匀喷雾，有针对性地杀死已长出的杂草。此除草方式多是花生出苗前未喷施除草剂或喷施除草剂但未封闭住而长出杂草的一种补救措施。

（3）物理处理：花生播种后，通过覆盖特殊的覆盖物来防治杂草。如覆盖"银黑双色"膜。

（二）选择安全的化学除草剂

除草剂的应用虽然减轻了劳动强度，提高了劳动效率，但喷施除草剂也给农业生产带来了一些负面影响。譬如出现药害的现象越来越突出，抑制花生的根系发育，影响花生营养生长，不同程度地影响花生的产量和品质等，花生除草剂的非靶标效应问题已引起广泛关注。

花生产生除草剂药害的原因比较复杂，与除草剂的品种、使用量、使用方法、使用时间，土壤的有机质含量、土壤墒情及气候环境等因素都有一定的关系。另外，土壤残留除草剂也是造成花生药害的重要原因。

1. 不同除草剂对花生出苗的影响

（1）乙草胺对花生出苗的影响：乙草胺是美国孟山都公司发明的一种酰胺类选择性

芽前除草剂，也是我国目前农业生产上应用最广泛的一种选择性除草剂，主要通过幼芽和幼根吸收，其中单子叶禾本科杂草主要是芽鞘吸收，可用于花生、玉米、大豆和棉花等多种旱田作物，能有效防除禾本科杂草和部分阔叶类杂草，具有杀草谱广、效果突出、价格低廉、施用方便等特点，曾是替代具有致癌性的甲草胺和氰草净的理想产品，在我国的使用历史已经达20多年，是花生田的主要除草剂之一。

乙草胺对花生出苗的影响主要表现为花生根系须根少。若花生田过量使用，对花生根系危害大，根部肿大，出苗缓慢，出苗后生长势弱，植株矮小，严重影响花生的生长发育和花生的产量。因此，在美国要求加安全剂才能在有关农作物上使用。

(2)氟乐灵对花生出苗的影响：氟乐灵是二硝基苯胺类内吸选择性苗前土壤处理除草剂。氟乐灵在植物体内严重抑制细胞有丝分裂与分化，破坏核分裂，被认为是一种细胞核的毒害剂，浓度越高，对细胞有丝分裂的抑制作用越重。在生化反应上，它抑制脂类代谢和DNA合成，同时也影响蛋白质合成和氨基酸的组成，干扰植物激素的产生和传导，因而使植物死亡。氟乐灵通过杂草种子发芽穿过土层的过程被吸收，但出苗后的茎叶不能吸收。造成植物药害的典型症状是抑制生长，根尖与胚轴组织细胞体积显著膨大。氟乐灵施入土壤后，由于挥发、光解和微生物的化学作用而逐渐分解消失，其中挥发和光解是分解的主要因素。施到土表的药剂最初几小时内的损失最快，潮湿和高温会加速药剂的分解速度。因此，氟乐灵施入土壤后需浅耙土，防止其分解。防治杂草的持效期为3~6个月。试验结果表明，花生芽前喷施氟乐灵特别容易发生药害，造成花生苗根部肿大，不利于根系下扎；同时还会加重苗期病害的发生，严重影响花生生长。

2. 不同除草剂对花生营养生长的影响

通过对二苯醚类（乙羧氟草醚、三氟羧草醚）、芳氧基苯氧基丙酸酯类（高效氟吡甲禾灵、精喹禾灵）4种茎叶除草剂和二硝基苯胺类（地乐胺、二甲戊乐灵）、酰胺类（乙草胺、异丙甲草胺）4种土壤处理除草剂共8种除草剂的室内外研究，发现不同除草剂对花生株高、鲜重和干重、结瘤、叶绿素含量、黄酮类物质含量、豆血红蛋白含量、硝酸还原酶的活性、谷氨酰胺合成酶的活性、植株总含氮量等的影响不同。

(1)不同类别的除草剂对花生株高和重量的影响：8种除草剂在处理初期均有抑制作用，土壤处理除草剂的抑制作用小于茎叶除草剂。以田间用量处理后10天，精喹禾灵对花生株高的影响最大，抑制率为21.92%；三氟羧草醚对花生鲜重的影响最大，抑制率为36.45%；乙羧氟草醚对花生干重的影响最大，抑制率为45.74%。处理后30天，高效氟吡甲禾灵对花生生长发育的影响最大，株高、鲜重和干重的抑制率分别为8.1%，

19.95%和19.13%。二甲戊乐灵在处理后10天影响最小，株高、鲜重和干重的抑制率分别为2.68%，14.06%和29.03%；异丙甲草胺在后期影响最小，对花生生长有一定的刺激作用。

（2）除草剂对离体条件下花生根瘤菌毒力的影响：不同类别的除草剂对花生根瘤菌的毒力存在较大差异。4种茎叶除草剂不同的剂量对根瘤菌均有不同的抑制作用；4种土壤处理除草剂在剂量为1 250毫克/升时对根瘤菌生长没有影响，乙草胺和异丙甲草胺2 500毫克/升对根瘤菌也没有影响。高效氟吡甲禾灵的毒力最大，乙羧氟草醚毒力次之，在中等剂量10 000毫克/升的条件下，抑菌圈平均直径分别为2.27厘米和1.66厘米；异丙甲草胺毒力最小，中等剂量下抑菌圈平均直径为0.30厘米。

（3）几种除草剂田间处理后花生结瘤变化情况：8种除草剂处理初期和中期对花生结瘤的影响比较显著，但是到了后期，结瘤数有了大幅度的增加，结瘤率大多数处理达到了95%以上，有些处理达到了100%。4种土壤处理除草剂对花生结瘤的影响小于茎叶除草剂，乙羧氟草醚对花生的影响最强，药剂处理10天后的结瘤率仅为9.42%，20天后结瘤率为28.6%；异丙甲草胺对花生结瘤的影响最小，在盛花期时平均结瘤数已经超过对照。

（4）不同除草剂以田间用量进行土壤和茎叶处理后，对花生一些生理生化指标的影响：花生经各种除草剂处理后，叶绿素含量、黄酮类物质含量、豆血红蛋白含量、硝酸还原酶的活性、谷氨酰胺合成酶的活性、植株全氮含量均发生不同程度的动态变化。①对叶绿素含量的影响。4种茎叶除草剂处理后，花生叶片初期叶绿素的含量显著降低，后期叶绿素含量上升，处理后20天，叶绿素含量接近对照含量。三氟羧草醚在初期对花生的影响最大，处理后5、10天叶绿素的含量分别为1.14毫克/克和1.54毫克/克；到后期叶绿素含量迅速上升，处理后15、20天，叶绿素的含量分别为2.45毫克/克和2.92毫克/克，与同期对照叶绿素的含量2.81毫克/克和3.11毫克/克接近。4种土壤处理除草剂对叶绿素含量均有不同程度的影响，其中异丙甲草胺对花生叶绿素含量的影响最小，处理后15天叶绿素含量为1.88毫克/克，处理后20天为2.04毫克/克，处理后25天为2.41毫克/克，处理后30天为2.75毫克/克。②对豆血红蛋白含量的影响。8种除草剂处理后，植株豆血红蛋白的含量低于对照植株。4种茎叶处理剂中乙羧氟草醚的影响最大，处理后10天豆血红蛋白的含量为0.22毫克/克，15天时为0.363毫克/克，20天时为0.479毫克/克，25天时为0.566毫克/克，明显低于同期对照的豆血红蛋白含量。土壤处理除草剂中，二硝基苯胺类除草剂对花生的影响较酰胺类除草剂重，地乐胺处理15天，豆血红蛋白含量为0.373毫克/克，20天为0.371毫克/

克，25天为0.560毫克/克，30天为0.675毫克/克。③对硝酸还原酶活性的影响。4种茎叶除草剂处理的NR活性低于对照，其中三氟羧草醚的影响最大。在处理前期三氟羧草醚处理的NR活性一直降低，到处理后15天时达到最低值，处理20天后酶活性上升，但是仍然低于对照；精喹禾灵呈缓慢上升的趋势，且在处理10天后NR活性高于对照；高效氟吡甲禾灵处理的NR的活性则一直呈下降趋势，到20天时达到最低值。经4种土壤处理除草剂处理后，花生叶部NR的活性与对照变化相似，其中二硝基苯胺类除草剂对花生叶部NR的活性的影响较酰胺类除草剂重，其中地乐胺影响最为显著。④对植株全氮量的影响。4种茎叶除草剂处理后，花生植株的全氮含量低于对照，处理后10天影响最重。在处理后5~10天，三氟羧草醚的影响最大，在处理后5、10天的含氮量分别为1.231%和1.316%，在后期植株含氮量上升，接近对照。4种土壤处理除草剂对花生植株全氮含量的影响较小，植株全氮含量略低于对照，其中2种二硝基苯胺类除草剂对花生全氮含量的影响略大于2种酰胺类除草剂。

3. 乙草胺对环境与食品安全的影响

乙草胺除了影响花生生长外，越来越多的研究证明，乙草胺对人体健康和环境安全存在较大威胁，乙草胺已经被美国环保局列为B-2类致癌物质。同时，流失到环境中的乙草胺及其代谢物会对人类、水生生物和食草的鸟类等带来癌症、遗传病、繁殖紊乱和畸形等严重的健康问题和环境问题，欧盟决定淘汰乙草胺就是因为这个原因。

（三）花生田安全高效除草技术

1. 露地种植化学除草技术

（1）春播露地种植化学除草技术：

①土壤处理。a. 以禾本科杂草为主的地块，每亩用96%精异丙甲草胺乳油120~150毫升或72%异丙草胺乳油200~250毫升，兑水30~45千克，均匀喷洒于土表，有效控草期为45~60天。b. 以阔叶杂草为主的地块，每亩可选用25%噁草酮乳油100~150毫升或24%乙氧氟草醚乳油40~50毫升或50%丙炔氟草胺可湿性粉剂6~8克或50%扑草净可湿性粉剂100~150克，兑水30~45千克，均匀喷雾处理。c. 禾本科杂草及阔叶杂草均较多的地块，防除禾本科和阔叶杂草的上述两类药剂混用，混用药量略低于单用药量，宜进行小区试验确定最佳混配剂量。每亩兑水45千克均匀喷洒于土表，有效控草期为45~60天。d. 若田间已出现杂草，每亩用150毫升20%百草枯水剂（克无踪）+相应的除草剂，兑水45~60千克，均匀喷雾。

②茎叶处理。a. 防除一年生禾本科杂草，每亩可选用5%精喹禾灵乳油60~90毫

升或15%精吡氟禾草灵乳油50~80毫升或10.8%高效氟吡甲禾灵乳油30~40毫升或20%烯禾啶乳剂60~120毫升或6.9%精恶唑禾草灵浓乳剂50~70毫升,杂草叶龄小时用低量,杂草叶龄大时用高量。防除多年生禾本科杂草如芦苇、狗牙根、白茅等,亦可选用上述药剂,用药剂量适当增加。每亩加水15~30千克,均匀喷洒于杂草茎叶上。b. 防除一年生阔叶杂草,每亩可选用21.4%三氟羧草醚水剂60~80毫升或48%灭草松水剂150~200毫升或24%乳氟禾草灵乳油15~20毫升或20%乙羧氟草醚乳油20~30毫升(乙羧氟草醚属于触杀性除草剂,在植物体内不传导,在强光下应用时有时会出现局部药斑,但5~7天会恢复,不会影响产量),杂草叶龄小时用低量,杂草叶龄大时用高量。每亩加水15~30千克,均匀喷洒于杂草茎叶上。c. 防除香附子及莎草,每亩可用48%灭草松水剂150~200毫升或24%甲咪唑烟酸水剂20~30毫升,每亩加水15~30千克,均匀喷洒于杂草茎叶上。e. 禾本科杂草及阔叶杂草均较多的地块,每亩可选用11.8%乳氟·喹禾灵乳油40~60毫升或7.5%氟草·喹禾灵乳油100~120毫升或6%乳氟·氟吡甲乳油60~80毫升,也可以防除禾本科和阔叶杂草的上述两类药剂混用,混用药量略低于单用药量,宜进行小区试验确定最佳混配剂量。每亩加水15~30千克,均匀喷洒于杂草茎叶上。

(2)夏播露地种植化学除草技术:选用夏花生田除草剂,应注意药剂对后茬作物(如小麦等)的影响。

①土壤处理。夏播田适宜在播种后出苗前用药,同一种除草剂的施用量较露地春花生低1/4~1/3。以禾本科杂草为主的地块,每亩可选用72%异丙甲草胺乳油90~120毫升或96%精异丙甲草胺乳油80~100毫升。每亩加水30~45千克,均匀喷洒于土表,有效控草期为45~60天;禾本科杂草及阔叶杂草均较多的地块,防除禾本科和阔叶杂草的两类药剂混用,混用药量略低于单用药量,宜进行小区试验确定最佳混配剂量。

②茎叶处理。夏播花生茎叶处理选用的除草剂品种及用药量同露地春播田。

2. 地膜覆盖栽培化学除草技术

面对花生产品的出口危机,山东省农业厅植保总站对花生植保用药进行了一系列试验、筛选,最终选择了95%精异丙甲胺乳油(金都尔)和72%异丙甲胺乳油作为替代产品。95%精异丙甲胺乳油和72%异丙甲胺乳油的毒性低,除草和保苗效果好,符合出口欧盟和日本的要求,有效地解决了花生高产优质的生产问题。

花生播种后覆膜前进行土壤处理,以禾本科杂草为主的地块,每亩可选用96%精异丙甲草胺乳油100~120毫升或72%异丙草胺乳油150~200毫升;以阔叶杂草为主的地块，每亩可选用25%噁草酮乳油100～150毫升或24%乙氧氟草醚乳油40～50毫升或50%丙炔氟草胺可湿性粉剂6～8克或50%扑草净可湿性粉剂100～150克。北方春花生先起垄，雨后2～3天抢墒播种，田间常常已出现杂草，每亩需要增加150毫升20%百草枯水剂，每亩兑水30～45千克，均匀喷洒于土表，有效控草期为45～60天。禾本科杂草及阔叶杂草均较多的地块，防除禾本科和阔叶杂草的上述两类药剂混用，混用药量略低于单用药量。同一种除草剂的施用量，地膜覆盖较露地春花生低1/4～1/3。

3. 麦套田化学除草技术

麦田套种花生化学除草分为播种带施药和麦茬带施药两种方法，第一是在预留好的播种花生行间浇水造墒或麦收前浇足麦黄水，于5月中下旬播种花生，播种后喷施土壤处理除草剂。第二是麦收后灭茬，除掉田间残留的杂草，然后在麦茬带喷施除草剂。除草剂的用药量按花生播种带和麦茬带的实际面积计算，土壤表层均匀喷雾。麦收后如不灭茬，亦可每亩用20%百草枯水剂150～200毫升与土壤处理除草剂混用，喷头上应加防护罩。花生行间定向喷雾，避免药液喷施到已出土花生的茎叶上。第三是麦田套种花生化学除草，土壤处理及茎叶处理选用的除草剂品种、用药量同夏直播花生田。

4. 地膜覆盖物理除草技术

花生播种后，及时覆盖"银黑双色"地膜，可有效防治花生田间杂草。注意：覆盖时银色面朝上，黑色面朝下，并且覆盖后应压紧，防风吹动。

（四）化学除草注意事项

花生田使用除草剂要达到预期效果，必须注意以下事项：

（1）注意施药时间：要根据除草剂的杀草机理，严格掌握施药时间。施用土壤处理除草剂，一般应在花生播种后出苗前进行。

（2）地面要平整细碎：土壤封闭处理施药前一定要将地整平、整细，不能有大土坷垃，这样施药后才能形成严密封锁杂草滋生的药层。

（3）注意土壤处理施药时的土壤环境：土壤处理除草剂的效果与土壤湿度关系很大，土壤湿润时，药剂易扩散，杂草萌发快而齐，除草效果好；土壤含水量低时，除草效果差。所以当土壤墒情较差时，应适当加大用水量（药量不变），以提高药效。土壤质地对药效亦有一定的影响，沙质土壤对药的吸附力差，应严格掌握用药量，以免发生药害；土壤有机质含量高，对药剂有吸附作用和微生物分解作用，用药量应酌情加大；盐碱地、风沙干旱地、有机质含量较低的沙壤土、土壤特别干旱或水涝地一般不使用芽前土壤处理除草剂，应苗后除草。

（4）定量匀施：无论是茎叶喷洒还是土壤处理，都要将定量的药剂均匀地喷到整个要除草的地面上，不漏喷，不重喷，保证施药质量。

（5）保护药层，确保除草效果：花生喷洒土壤封闭除草剂后，不要到田间进行其他作业，以免破坏药层，降低除草效果。

（6）注意安全：除草剂对人、畜、禽有刺激，对鱼、虾类有毒害，施用时应规范操作，防止污染，注意安全。

八、田间管理

（一）清棵

花生清棵蹲苗是露地栽培苗期管理的一项成功措施，即根据花生子叶不易出土和半出土的特性，在基本齐苗时，用小锄把花生幼苗基部周围的土挖开，形成一个"小窝"，使两片子叶和胚芽露出土外，使其很快接受阳光，促进幼苗生长健壮而获取增产。多年来这项技术不仅在山东全面推广，而且在广东、江苏、河南、河北和辽宁等花生产区也广泛应用。

图48　花生清棵的作用

1. 清棵的作用

（1）促使茎枝健壮和二次分枝早生快发：花生出苗后及时清棵，可使子叶叶腋间的茎枝基部露出地面，提早接受阳光照射，改变花生基部湿冷的小气候，茎枝不仅早生快发，而且生长健壮，起到了蹲苗作用。据山东省花生研究所研究，清棵的幼苗，第一对侧枝着生的二次分枝比对照多1.15条，第二对侧枝的二次分枝多0.66条，第三对侧枝的二次分枝多0.13条，总分枝数增加25%；主茎高64.7厘米，比对照矮0.97厘米；第一对侧枝节数多0.89个，节间缩短0.4厘米。

（2）促使有效花增多，结实集中：因为清棵蹲苗的花生茎枝生长健壮，二次分枝早生快发，所以花芽分化相对早而集中，开花下针多而齐，结实率和饱果率增高。据观察，清棵的第一对侧枝出现在第三节的花芽占56.25%，比不清棵的多31.25%，第二对侧枝多25%；单株总花量增加7.4%，有效花量增加10.2%，结实率增加28.5%。据试验,清棵蹲苗使单株结果数增多30.6%~31.3%,比不清棵蹲苗的增产率为12.99%。

(3)促进根系发育,增强抗旱吸肥能力:清棵可使主根深扎,侧根增多,根系发达,从而增强植株的抗旱吸肥能力。河北省唐山市农业科学研究所在清棵后25天调查,清棵的主根长14.7厘米,侧根78条,比不清棵的主根长27.8%,侧根数多48%。河南省开封市农业科学研究所在清棵后20天测定,清棵的主根长43.5厘米,比不清棵的长50.95%,侧根111.2条,增加28.18%,侧根总长99.11厘米,比不清棵的长25.8%。

(4)减少护根草的危害:花生清棵可提前把基部周围的护根小草随扒土清除,能有效减少生育中期的草荒,也是增产的一个重要因素。

(5)减轻蚜虫的危害:花生清棵后,埋伏子叶节的土被清除掉,改变了植株基部的小气候,不利于蚜虫繁生。同时第一对侧枝基部因清棵蹲苗组织老化,不利于蚜虫刺吸危害。因此,清棵后花生茎枝基部的蚜虫量显著减少。

2.清棵蹲苗技术

(1)清棵时间:适时清棵是增产的关键,清棵太早,黄芽苗太嫩弱,叶片易出现晒伤,并使表层土过干,影响幼根伸展;清棵过晚,第一对侧枝基部埋入土中的时间长,影响早生快发,清棵的作用不大。据试验,花生齐苗后立即清棵的增产率为14%,齐苗后5天清棵的增产率为7.8%,齐苗后10天清棵的增产率为7%。由此说明,花生齐苗清棵越晚,增产效果越差。因此清棵应在齐苗后立即进行,最好按照播种出苗顺序,齐一块,清一块,以充分发挥清棵蹲苗的增产作用。

图49 花生清棵

(2)清棵深度:平作花生,在齐苗后及时用大锄深锄,随即再用小锄后退着把幼苗周围的土扒向四边,使2片子叶露出来;起垄种的可先用大锄深锄垄沟,浅刮垄背,破除垄面的板结层后,再用小锄清棵。清棵的深度以子叶节露出土面为宜,浅了则子叶不露土,第一对侧枝和茎基节仍埋在土里,起不到清棵的作用;深了则把子叶节以下的胚颈(下胚轴)扒出来,易造成苗株倒伏,不利于正常生育。另外还应注意两点,一是清棵时不要损伤和碰掉子叶;二是不论播种深、浅,都要清棵。

(二)开孔放苗

地膜覆盖的花生一般10天左右就能顶土出苗,开孔放苗是争取苗全苗壮和提高增产效果的关键。先播种后覆膜的花生顶土鼓膜(刚见绿叶)时,要根据当时的气温回升情况开孔放苗。正常年份要及时开膜孔释放幼苗,切不可待幼苗全出土后放苗;遇到倒春寒年份可待齐苗后放苗,否则易闪苗;遇到高温年份,要在花生顶土时及时开孔放苗,不能出一棵放一棵,否则因膜下温度高、湿度大,开膜孔时湿热空气易灼伤幼苗。据试验,在花生芽苗顶土和主茎出现2片真叶之前开孔放苗,产量最高,4片复叶时放苗减产5.94%。午后开孔放苗比午前开孔放苗每亩减产荚果35千克,减产17.07%。开膜孔放苗的方法:用3个手指(拇、食、中)或铁钩在苗穴上方将薄膜撕开一个小圆孔,孔径4.5～5.0厘米,有条件的随即在膜孔上盖一把湿土,厚3～5厘米,轻轻按一下。这样既能起到封膜孔增温保墒的效果,又能起到自然清棵的作用。

图50 花生开孔的时间

图51 花生开孔的方法

图52 花生开孔的要求

图53 开孔不及时引起伤苗

花生出苗后主茎有4片真叶时，要检查侧枝的出膜情况，将压在膜下的侧枝抠出来。特别是播种时未并粒平放或并粒插播的，膜下压的侧枝较多。播种穴和膜孔对不齐，尤其是先播种后覆膜的，膜孔大小难以掌握，开大了不好封盖，开小了妨碍侧枝全部出膜。第一对侧枝在膜下时间久了会造成减产，因此必须将膜下的侧枝抠出。同时，把膜面上压的土全部清除，净化膜面，提高光的辐射能力。

图54　检查第一对侧枝出膜情况

 **地膜覆盖花生盖土引苗诀窍**

地膜覆盖花生覆膜后在垄面上人工或机械撒上一层细土，厚度1厘米左右，即能起到压膜作用，又能使花生自动破膜出土，免去人工开孔放苗的麻烦。

（三）培土迎针

1. 培土迎针的作用

为了提高结实率和饱果率，在花生封行和大批果针入土之前，将垄行间的土培到垄顶的外缘，使垄的外缘加高，以缩短高节果针入土的距离，有利于结实范围内的果针入土结实，同时为以后排灌打下基础。

2. 培土迎针的方法

培土迎针应在花生单株盛花期和封垄前，选晴天墒情适宜的时候进行。平作花生垄行较窄，可用在锄板与锄钩交接处套有草环（便于培土）的大锄，退行深锄，猛拉坡土培垄，要求"穿垄不伤针，培土不压蔓"。垄种花生垄行较宽，可先用大锄深锄垄沟，浅刮垄背，然后培土。

（四）灌溉与排涝

花生苗期需水少，土壤水分过多时，不利于根瘤菌的生成，也不利于形成基部茎节短密的壮苗。足墒覆膜的花生，即使苗后两个月不下雨，也能正常生长，苗期宜尽量避免灌溉，一般不浇水。如果久旱不雨，春旱严重，土壤水分降低到田间最大持水量的40%左右，进而花生接近萎蔫时，即使降10毫米左右的小雨，因薄膜的阻隔，也不能直接渗入垄中的土壤，要力争早灌溉，以免延迟开花。在开花下针期和结荚期，由于覆膜花生生长旺盛，地下水若不能满足其生长需要，再加上天旱无大雨，在叶片刚刚开始泛白出现萎蔫时，应立即沟灌润垄，有条件的地方也可进行喷灌或滴灌。据试验，覆膜花生在苗期持续干旱50~60天，进入中期又遇干旱，浇一次水，每公顷产荚果425.5千克，浇二次水，每公顷产510.2千克，比露栽分别增产58.5%和78.7%。

花生灌溉忌漫灌，以免地面不平处积水，影响植株正常发育，甚至烂果。应采取沟灌，可防止结果土层板结。喷灌不受地形限制，且能保持土壤的良好结构，可节约用水30%~50%，但须注意喷灌水量充足，以保证达到应有的湿润深度。如采用滴管，则可省水30%~50%，但设备投资较大。露地栽培花生浇水后要及时中耕，松土保墒，防止土壤板结和杂草丛生。

花生耐盐能力差，必须注意灌溉用水的水质。据报道，低盐分水平的灌溉水，有效交换性阳离子的总量为4.7毫克当量时，花生减产50%；而中盐分水平，有效交换性阳离子的总量为6.5毫克当量时，将颗粒不收。花生生育后期多雨时，应注意排涝，以防止烂果烂根。

（五）化控

春花生株高达到30厘米左右时，花生内源激素分泌失调，地上茎叶生长过旺，用于荚果发育的营养物质减少，容易过多地消耗光合产物，抑制荚果发育，影响花生幼果膨大，从而减少经济果数量，最终影响花生产量的提高。因此，应根据花生的田间长势和气候特点，适时合理进行化控，防止花生徒长和倒伏，促进光合产物向荚果分配，以提高经济果数量，增加百果重，对提高花生产量具有十分重要的意义。

生产中比较常用的化控剂为多效唑，但从近几年的生产实践看，多效唑用量过大，一方面严重影响花生正常生长，荚果停止发育，使果型变小，果壳增厚，若作种用，出苗延缓，生长势弱；另一方面施用过早，加重花生叶部病害，使叶片提前枯死、脱落，引起植株早衰；三是多效唑在土壤中残效期较长，对后茬作物的生长会表现出抑制作用，因此建议尽量不要选用。目前在生产中可选用壮饱安、花生矮丰、花生果宝等化控调节剂，都是含有少量多效唑成分，经过复配加上增效剂，使用安全、不残留，控旺效果好，应大力推广。

花生控旺应根据田间长势和气候状况而定，一般当花生株高达到30厘米左右时可以酌情喷施。喷施矮壮素不能过早或过晚，过早会导致花生群体不够，减少整体光合作用的面积，影响产量；过晚很难起到控旺的作用，容易引起徒长，造成光合产物不能最大限度地向荚果运输，起不到增产的目的，一般要求花生收获时株高40~45厘米。另一方面，喷药宜在午后进行，6小时内如果遇雨应重喷；喷药时加入少量有机硅或黏着剂等，可增加药液的黏着力和叶片的吸收能力；喷药时要喷花生顶部生长点，一喷而过，不能重喷。

九、花生收获

（一）花生成熟的标志

进入成熟期的花生，茎叶中的养分已经大量运往荚果，管理不好的花生中下部叶片已经陆续脱落，上部叶片的叶色转呈黄绿色，而管理好的花生中上部叶片仍然浓绿，但无论如何，叶的睡眠运动已经消失，植株停止生长。荚果成熟良好时，外壳硬化，有色泽，脉纹明显，种子紧贴处的果壳内壁出现褐色斑片，俗称"金里""金碗"或"铁里"。如果荚果发育中遇到干旱，种子成长不良，或环境情况正常而单荚果成熟度不足，不够充实饱满，则直到收获，其果壳内壁也无褐斑生成，仍为白色，俗称"眼里"或"银碗"。管理好并成熟适度的荚果子房柄上分离的强度约为1千克，收获时不容易落果；管理不良，特别是病害防治失当或秋季遇到雨水、阴天多的年份，再加上过晚收获，不仅落果多，过熟变质，发芽腐烂的也多。成熟良好、粒大饱满的种子，干燥后皮色呈固有的颜色，含油量高，游离脂肪酸的含量极微，油酸、亚油酸的比值也高，油色清淡，耐贮性好，商品及食用价值高。

（二）适时收获

花生的收获要适时，收获过早，荚果不饱满，产量和含油量均低；收获过晚，早熟的饱满荚果易脱落，子仁内的脂肪也易酸败，不仅收获费工，而且降低产量和品质。尤其是有些珍珠豆型品种，种子休眠期短，成熟期如遇干旱，荚果失水，会很快打破休眠，再遇雨就立即带壳发芽。因此，必须适时收获。正确判断花生的收获期除依据成熟度外，还应根据当地气候和品种熟性以及田间长相。特别是气温，日平均气温低于15℃时，因为气温过低荚果就不能鼓粒，所以虽然花生饱果指数未达标，也应立即收获。

花生收获时含水量多在50%左右，植株体内的养分仍有一段时间运向子仁。据报道,植株晒干后再脱果的,比收获后立即脱果的果壳增重16.5%,种仁增重6.8%,证明带棵晒干对增产增质仍有一定的意义。因此,我国北方花生产区收刨后有立即运到场上晒干或在田间就地铺晒的习惯。即收刨时将3~4行花生植株合并排成一行,根果向阳,这样株体支空,通气好,干得快;晒至五六成干,摇动有响声后,茎叶向内、根果向外堆成小垛,继续在田间进行晒垛,然后将半干的花生运回场上堆垛。这样不仅秸棵鲜绿,提高了饲料质量,而且能促使花生棵中的养分回流,提高花生产量和品质,还便于往场上搬运。搬运时应选择早晨或阴天,以避免搬运中荚果掉落和茎叶破碎。将晒至半干后的花生手工摔果,或借助辅助器具,或用脱果机脱果。

摘果后荚果含水量仍然较高,扬净茎叶杂质后还要继续晾晒1~2天,然后堆捂两昼夜,再摊晒放风,这样反复堆晒,使含水量降低到8%~10%为止。手搓种皮易掉,牙咬种子有脆声时,即可安全入仓。

(三)防止残膜污染

花生收获后有30%的废膜挂在果针和茎枝上,这些残膜被牲畜误食会造成牲畜死亡,长期下去将对畜牧业的发展造成一定影响;30%的废地膜随风飘扬,刮到树上、电线上、草地和沟渠里,造成环境污染;40%的废地膜压在耕作层内,严重破坏了土壤耕层的结构,阻碍水分的输导和作物对养分的吸收,直接影响下茬作物的生长、发育,造成减产。随着覆膜栽培技术的迅速推广,地膜的用量逐年增加,聚乙烯地膜在自然界不会自行分解,如废旧地膜处理不好,势必造成白色污染,形成社会公害。为了农业生产的持续发展,并给推广花生地膜覆盖栽培技术扫除障碍,必须采取有效措施,消除废旧地膜污染。

1.收获时捡拾地膜

覆膜花生收获前,应先把压在垄沟内的地膜拉出来。刨花生时,把垄面上的地膜连同花生一起拉出来。花生收获后,可用耙或三齿钩把压在土里的部分残膜扒出捡净。另外,通过耕地和耙地把残留在地里的地膜拣出来,使耕作层和表层无残膜,减少残膜对土壤和环境的污染。挂在花生棵上的残膜,可结合摘果把残膜撕下来,减少对粗饲料的污染。

2.搞好废地膜的回收和加工

废地膜的回收加工必须做到三点:第一,在宣传推广花生地膜覆盖栽培技术的同时,不能只强调增加产量、提高经济效益,而忽视或回避残膜污染造成的危害。要使农民树立科学态度,提高回收废地膜的自觉性。第二,建立有效的废地膜收购点,及时回收废地膜。第三，制定相应政策，利用价格因素调动农民回收废地膜的积极性。第四，搞好废地膜的加工利用，防止二次污染。过去个别地区回收的一些废地膜有的深埋，有的烧毁，既不能彻底消除污染，又不能获得经济效益，最好的办法是进行深加工利用。如将废地膜洗净后，用塑料挤出机电热塑化挤出粗细均匀（直径为0.3~0.4厘米）的塑料条，冷却后用切粒机切成长0.5~0.6厘米的塑料再生颗粒，再用再生颗粒加工成各种塑料再生产品。

3. 加速降解地膜的研制

目前，花生覆盖的地膜几乎全是聚乙烯膜，若遗留在土壤里，因为难分解，危害极大。为了解决这一问题，中国科学院应用化学研究所、中国科学院上海有机化学研究所及山东省花生研究所等科研单位，先后试验出花生可控光降解地膜、淀粉膜、生物降解膜、天然草纤维膜、光降解和生物降解双降解膜。这些地膜尽管还存在某些缺点，但对其进一步研究开发，对于彻底解决残膜污染，进一步促进花生地膜覆盖栽培技术的发展具有重要意义。

单元四
花生贮藏与加工

单元提示

1. 贮藏条件
2. 加工方式
3. 食品加工

一、花生贮藏

花生含油量高,且组织结构柔嫩,种皮很薄,在贮藏中极易受到外界高温、潮湿、光线和氧气的不良影响。在较高的温度条件下,不仅丧失发芽率,而且很容易油变霉变,甚至造成黄曲霉素感染,威胁人体健康,所以必须做好收获后的贮藏工作。

(一)安全贮藏与含水量

花生的安全贮藏与其含水量关系密切,种子含水量高时,细胞内会出现游离水,并使脂肪酶和其他酶的活性增强，呼吸作用加强，呼吸热也提高，种子霉变。通常作物种子在25℃以下，含水量不超过其亲水部分的14%～15%时，种子的呼吸作用即可稳定，便能安全贮藏。花生荚果含油量约为30%，其安全贮藏的临界水分约为10%，而花生种子的含油量平均约为46%，其临界水分约为8%。故入藏的荚果其含水量要求在10%以内，而种子仁在8%以内方可期望安全贮藏。小粒花生种子种子成熟较整齐，平均含油率较高，其安全贮藏的花生种子含水量应在7%以内。

（二）安全贮藏与温湿度

温度的高低对贮藏期间的呼吸代谢活动也有一定影响。充分干燥的荚果，在自然贮藏的条件下，花生堆内的温度随着气温的升降而变化。据试验，温度为21.1℃荚果可保持优良品质6个月，子仁可保持4个月；18.3℃荚果可安全贮藏9个月，子仁6个月；0～2.2℃种子可安全贮藏2年；-12.2℃可安全贮藏10年之久。种子含水量8%、堆温在20℃以下时，脂肪酸含量一般变化不大；超过20℃时，温度越高，酶的活性愈强，酸价越高，分解作用也慢慢加强，长期贮藏后，种子易丧失发芽力，故贮温要低于20℃。大气相对湿度为75%时，种子的平衡水分约为10%，霉菌容易滋生，空气相对湿度为70%时不能生长，故空气相对湿度为65%时可安全贮藏。据测定，种子含水量6%可耐-30℃的低温；种子含水量10%在-24℃下75小时，发芽率仍为95%；含水量31%时，-6℃经72小时，发芽率只有15%。含水量45%的种子，在-2℃下2小时，发芽率可降至65%。已脱果的花生如不及时晒干，由于堆内温、湿度的增高，还易发热霉变。

此外，良好的通风条件可使种子堆内产生的热、水、二氧化碳不易积聚，起到降温散湿的作用。

二、花生加工

（一）花生加工业发展的现状及趋势

我国是世界上重要的花生加工大国之一，50%用于榨油，29%用于食用，6%用于出口，15%用于留种和其他用途。当前，国际市场上粮食作物大米、小麦、玉米及油料作物大豆、油菜籽等的价格都低于国内，而花生属劳动密集型农产品，国内价格低于国际市场价格约30%，具有明显的国际竞争优势，是主要的创汇农产品。我国加入WTO后，花生成为国内为数不多具有强劲国际竞争力的大宗农产品。花生富含脂肪和蛋白质,是蛋白质和热量的优质来源,其特有的香味和营养价值是其他作物不可比拟的。花生经过深加工后,可制成各种高级营养食品和具有保健作用的食品。但长期以来,国内仅限于简单烘烤、炒食和榨油,其综合利用价值不高。因此,研析国内外花生加工利用的现状以及国内花生加工利用存在的问题,对促进我国花生产业的发展具有重要的现实意义。

1. 世界花生加工业的发展趋势

花生是作为一种重要的油料作物在世界上发展起来的,其加工利用的途径多种多样。20世纪40年代以前,用于加工食用油的花生约占世界总产量的72%,用于食品加工的花生仅占3%。20世纪50年代以后,特别是60年代以来,人们开发利用了其他各种油料作物和油脂,人类对食用油的需求相对得到满足。随着科学技术的不断进步和现代食品加工技术的迅速发展,花生的食用价值和营养价值越来越受到人们的重视,世界食用花生的消费量不断增长。20世纪70年代,世界食用花生已占总利用量的31%,榨油花生为58%。20世纪80年代,世界食用花生占总利用量的35%,榨油花生为54%。20世纪90年代初期,世界食用花生和榨油花生的比重分别为36%和54%。

世界主要花生消费国之间,花生用于榨油和食品加工的比例相差很大,发达国家普遍以食用为主,美国有65%的花生用作食品加工,英国、日本和西欧等国家花生几乎全部用作食品;而发展中国家以榨油为主,如印度有80%、中国有55%的花生用于榨油。20世纪90年代初与70年代相比,在加工利用花生量最多的14个国家中,多数国家用于榨油和食用的花生比例都发生了变化。其中,尼日利亚和泰国用于食品加工的花生比例显著增加。但是,印度和中国两大花生利用国家,自20世纪70年代以来,加工利用花生的模式几乎没有变化。但总的趋势是花生加工用量和市场需求不断增长,其中食用花生比例增加,榨油花生比例下降。

此外,到20世纪70年代后,用于出口、种子、工业和医药业等方面的花生才达世界总产量的10%以上。但总的来说,花生用于加工花生油和饼粕仍是世界花生生产重要的利用途径。

(1)加工技术高新化,资源利用高效化:近年来,世界发达国家农产品加工业发展迅猛,现代高新技术迅速应用,产业配套向集约化、规模化发展。农产品加工以产地为主,追求质量和安全。花生的食用及功能营养价值受到人们的高度重视,不仅从以油用为主转变为以食用为主,而且对花生的副产品进行了综合利用,提高了产品的附加值。如现代食品工业技术中的超临界流体萃取、膜分离、短程分子蒸馏等尖端技术在花生及其副产品加工中得到广泛应用,其深加工制品已从食品、轻化工原料渗透到社会各个应用领域,大大提高了资源的利用效率。

(2)加工生产规模化,加工原料专用化:欧美一些发达国家花生的深加工近年来发展很快,表现在产品档次高、花色品种多、加工技术设备先进,实现了连续化、自动化、标准化的大规模工业化生产,产品质量稳定,色、香、味俱佳。如低脂花生制品,在其加工过程中采用了电子分析器,可在大规模生产中自动检出霉变粒,同时采用关键的整仁压榨设备和复形技术,从而除去50%左右的脂肪。花生酱系列制品,除在生产过程中使用了电子分析器外,还采用专门设计的研磨设备、冷却设备以及调配改进技术,从而生产出不同粒度、稠度并具有多种风味、形状的制品。

美国、澳大利亚等国相继培育了专用化花生新品种,如美国已培育出十多个高油酸花生新品种,油酸含量达到80%左右,高于橄榄油的油酸含量;澳大利亚也选育了高油酸花生新品种,2005年全面推广种植。

(3)加工质量体系标准化:农业标准化实施程度很高的西方国家,花生从育种、栽培、植保到产后的加工、贮藏、运销以及生产资料的供应和技术服务等,都实现了标准化生产与管理。完善了花生产品的质量检测体系,如残留物的超痕量分析水平已达到10克;检测速度不断加快,智能化计算机和高性能电子器件与检测器的使用,使检测周期大大缩短;选择性不断提高,高效分离手段,各种化学和生物选择性传感器的使用,使得在复杂混合体中直接进行污染物选择性测定成为可能。因此,花生从产前、产中到产后的各个环节都进行了标准化的质量检测与监控,从而使产品质量得到保障。

2. 我国花生加工业的发展现状

20世纪90年代以来,我国花生产业发展迅速,出口贸易量也大幅度增长,推动了我国花生加工用量的增加,花生年均加工量比20世纪80年代增加了近40%。我国现已成为世界花生生产、消费和出口大国,花生总产量和出口量均占世界出口市场的42%,花生油占国内食用油消费的25%。随着花生加工方法的增多,国内花生用于食品加工和直接食用的比例逐年上升,用于榨油的比例逐年下降。目前,我国在花生加工利用方面还未产业化发展,市场上常见的花生制品仅有花生油、花生露、花生酱和花生豆等10余种。

(1)深加工技术水平逐步提高:花生榨油工艺在不断改进,低温预榨浸出法生产花生油的技术已普及,环型浸出设备和负压操作工艺正在推出。目前国内新兴的花生制品工业发展迅速,除对直接食用的花生简单加工外,还可进行深加工,制成营养丰富、色香味俱佳的各种食品和保健食品，而且也对副产品加强了综合利用研究，以实现加工增值，提高经济效益。

我国自20世纪80年代开始，为了进一步提高我国花生的加工技术水平和能力，先后从欧美引进花生加工生产线20多条，花生酱生产线10条，主要在山东青岛、烟台、潍坊、枣庄，江苏东海、安徽合肥、上海市、湖北红安、河北滦县以及河南开封和延津等花生主产区。引进的花生加工设备多数可以加工出口脱皮乳白花生仁、油炸花生仁和其他花生制品。花生酱生产线规模从年产1500吨到12000吨，不加添加剂的花生酱或稳定型花生酱无论是产量和质量都有很大提高，产品除内销外，大部分出口至日本、北美、欧洲和东南亚国家和地区，同时培植了中粮集团、鲁花集团、龙大集团、益海嘉里集团等一批科技含量高的花生加工名牌企业，产品畅销国内外。

(2) 产业区域发展格局初步形成：我国花生生产主要集中在北部华北平原、渤海湾沿海地区和南部华南沿海地区及四川盆地等，以山东、河南、河北、广东、四川、江苏、安徽等7省为主，花生面积占全国的72%，总产占全国的79%。以山东省为代表的黄淮流域花生种植区，是中国最重要的、最大的花生种植区域，花生种植面积、单产、总产量、出口量均居全国之首，并且具有得天独厚的地理优势，生产的花生品质优良，"山东大花生"和"旭日型"小花生在国内外市场享有盛誉。在加工方面，山东省实力较强，有"鲁花""龙大""长生""胡姬花""齐花"等一大批品牌花生加工企业，而且形成了一批具有一定规模的花生销售市场，如山东粮油批发市场、威海花生批发市场、东平民营彭集花生批发市场、冠县花生加工销售市场等花生交易市场。

(3) 产品国际竞争力增强：我国年出口花生仁(果)、制品约70万吨，占世界贸易量的47%左右，居第一位，在国际上已确立了市场竞争优势。欧盟市场，美国在20世纪80年代前占整个市场份额的50%以上，到90年代初期只占1/3左右，而中国从零发展到15%；加拿大市场，由于北美自由贸易协定的关系，美国所占的比例已从99%下降到65%，而中国所占的比例从无到有，已达30%；日本市场，美国20世纪80年代中期占45%，减少到目前的30%，而我国从38%增加到42%。另外，我国花生在国际市场上具有价格优势，1999年国内市场每吨3600～4600元，平均4100元，而同期国际市场每吨6200元，国内市场的价格比国际市场低约34%；2001年1月我国花生平均出口价格为每吨5100元，比美国花生在国际市场的价格低20%左右，近年来一直维持在这种水平。目前我国主要出口的是花生果、仁，如果出口国际市场适销对路的加工产品，其价格优势将更加明显。

目前，我国出口花生加工行业已初具规模，花生的收购、初加工、贩运、精加工和出口贸易的产业链已经形成,为今后国内花生的加工利用打下了坚实基础。在山东,经检验检疫部门登记、注册的花生及制品加工厂有300家左右,出口花生的加工能力完全能够满足出口贸易的需要。花生在我国山东、河南等省已成为农业增效和农民增收的重要作物之一,尤其在边远山区更是如此,如全国第一花生大县河南正阳县花生面积超过66 600公顷,占旱地面积的70%以上;而出口花生及其制品加工生产的龙头县市山东莱西市,共有注册、登记的花生及制品加工厂40余家,年加工出口产品10 000吨以上,年创汇3 000多万美元,从业人数逾万人。

3. 花生加工业面临的主要问题

(1) 加工技术相对落后,产品综合利用率不高:目前,我国花生产品的加工业技术水平落后,技术创新能力低,精深加工不充分。花生加工业初级加工的成果所占的比重大,而精、深加工的成果明显不足。加工出口的分级花生、乳白花生等基本仍属发达国家食品加工企业的原料,并没有收到最高创汇效果和最佳经济效益。主要原因就是我国花生深加工基础薄弱,花生精加工和深加工的程度不够。

国内花生加工利用的主要途径是制取花生油,其榨油的比例接近60%,且长期以来只注重出油率,而忽视了花生原料中蛋白质的利用。尽管国内加工工艺和花生品质不断改善,出油率和花生油品质不断提高,但是花生榨油,特别是香味花生油的生产工艺使30%～40%的花生蛋白质因高温压榨而引起劣变,导致每年损失的花生蛋白质达70多万吨。

对花生资源的综合利用,尤其是废弃物的综合利用研究较少,花生加工业研究开发力量薄弱,自主开发创新能力低。据了解,目前国内绝大多数花生加工厂,无论是用来榨油还是用来生产制品,都未对花生红衣进行开发利用,而是作为废料扔掉,造成资源浪费。如果可将花生红衣中的活性物质提取出来,生产出具有增加血液素质的食品或药物,不仅可以提高花生的经济效益,而且也会给人们的健康带来好处。

花生加工基础比较薄弱,一些加工设备陈旧,技术落后,深加工产品少,生产规模小,尤其是广大农村,花生加工大多是作坊形式,商品化程度较低。无论是企业还是科研单位和大专院校,普遍缺乏适应花生加工业发展的科学储备和技术支撑。超临界流体萃取、超微粉碎、膜分离等先进技术应用较少,特别是拥有自主知识产权的技术更为缺乏,国内花生油脂、蛋白质、磷脂、多酚等资源的深度开发远远不够,与国际先进水平差距较大。

(2) 加工企业规模小,生产集中度不高:我国花生加工业多数企业规模小,装备落后;国产设备技术含量低,自动控制系统与工艺流程设计和机械制造脱节,产品性能稳定性和成套性差、精度和自动化程度不高;在引进国外先进设备时,消化吸收和自主创新不够,技术开发投入不足,产品缺乏自己的特色,产品结构不合理且调整缓慢;大型设备特别是技术含量高的设备少,低附加值、低水平的产品多。

花生食品加工企业较多,但大企业较少,加工分散,集中度不高,单独以花生加工为主的大型花生加工龙头企业数量很少。我国花生食品加工方面的不足大大限制了一些高增值花生产品的出口贸易,影响了生产优势的发挥。

(3)质量保障体系不完善,食品安全问题突出:花生加工业标准体系和质量控制体系不完善,尽管我国大部分食品加工产品已有国家或行业标准,但普遍存在标准滞后、制定周期长、标准水平偏低的问题;同时一些小型企业设备陈旧,管理水平较低,质量安全意识淡薄,缺乏保证食品质量的必备条件。我国花生食品的安全质量问题主要表现在,一方面部分地区花生生产过程中过量使用化肥、农药等,造成花生产品重金属污染及农药残留超标等,严重影响花生的品质;另一方面,收获、运输、贮藏和加工过程中管理和技术能力不足,导致花生发生霉变产生黄曲霉毒素,从而造成花生产品污染。这既严重限制了花生产品出口,也影响了国内花生市场的拓展。

近年来,随着人们对食品黄曲霉毒素卫生指标要求的提高,欧盟、日本、澳大利亚、韩国等世界主要花生进口国对进口花生的黄曲霉毒素的标准提出了更加严格的要求。由于我国生产加工和贸易人员的食品质量安全意识不强,多次造成大批出口花生被退回,损坏了贸易声誉,影响了我国花生及其产品出口。

(4)加工专用品种缺乏,产品品质难以提高:我国花生产业历来存在研究、生产、加工、销售脱节的现象,在研究领域又存在产前研究、产中研究、产后研究严重脱节的现象。花生育种业长期以来以高产作为主要育种目标,忽略了品质育种,对品质的概念、优质花生的内涵缺乏正确的理解。尽管近年来育种单位已选育了一些专用型品种,但还不能适应生产的需求,生产上大面积种植的没有形成油用、食用及出口品种专用化。同时还存在一些加工不合理的现象,如含油量不高的品种被用来榨油,口味不好的品种被用来加工花生制品,不符合出口要求的品种勉强出口,结果是企业效益降低、出口价格下降、市场竞争力减弱。另外,目前我国的花生种子未形成产业化经营,基本停留在农户自留自用的水平上,进入流通领域的花生主要是更换品种或余缺调节,数量有限,从而制约了良种的推广速度,缩短了优良品种的使用寿命,限制了区域化、规模化种植,直接影响整个花生产业的产业化经营。因此,研究推广适于各种用途的专用化高产优质新品种,是提高我国花生产品品质的关键。

4.我国花生加工业的发展方向

(1)加强花生精深加工技术研究：加强花生油提取新工艺的研究，改进和普及水剂法、低温预榨法和水压机压榨法，逐步用环形浸出器代替平转浸出器，用负压操作工艺代替常压操作工艺，以达到不但能提高花生油的出油率和品质，而且能得到不变性的花生蛋白粉的目的。在油脂生产中，要加大科技投入，将目前以生产二级花生油为主逐步调整为以生产提炼油、高级烹调油为主；同时也要研究油脂精加工的分提、脂交换技术，按照人体的生理需要，开发营养型、功能型高档花生油脂。

加大花生蛋白活性肽的开发利用，目前花生饼粕蛋白深加工利用不足，蛋白质浪费严重，因此科学开发利用花生蛋白质意义重大。蛋白活性多肽由于具有重要的生理功能，消化吸收性好，食品安全性高，可应用于婴儿和儿童配方食品、减肥食品、运动员食品和医疗食品的生产，被视为"新兴的营养保健源"和"极具发展潜力的功能因子"。蛋白活性肽在食品、饮料、医药和日用化工领域有着广泛的应用前景，按照目前市场的销售价格，其加工前后的价值比为1∶20，甚至更高。

(2)重视花生副产物的综合利用：花生蔓、花生壳、花生红衣是花生的主要副产物，有的作为饲料或肥料被简单利用，而大部分被作为燃料白白烧掉，没有得到合理利用，浪费了大量资源。花生蔓含丰富的黄酮类物质和鞘脂类化合物，能治疗跌打损伤、痈肿疮毒、失眠、高血压等，提高免疫力；花生壳除含有大量碳水化合物和粗纤维外，还含有多酚类和黄酮类物质，对于治疗高血压、高血脂等有明显疗效；花生红衣含有维生素K和白藜芦醇，具有保护缺氧心脏、预防动脉粥样硬化、扩张血管等作用。因此，应重视花生红衣和花生壳的开发和利用，不但可以提高花生的综合效益，还可以改善人们的健康水平。

(3)重点扶持花生加工龙头企业：在花生的产业化开发上，生产与市场脱节是主要问题，国内应积极向美国等发达国家学习花生生产加工管理的先进经验，尽快建立一批科研、生产、加工、经营、出口相配的套的技术队伍，并重点扶持龙头企业。龙头企业肩负着开拓市场、创新科技、带动农户和促进区域经济发展的重任，能够带动农业和农村经济结构调整，带动商品生产发展，推动农业增效和农民增收。花生加工龙头企业具有市场开拓能力，能够进行花生精深加工，通过建立现代化加工生产线，形成原料的分选和花生系列产品加工利用体系，由产后的加工利用带动整个花生产业全面发展。

（二）花生榨油

1.花生预处理技术

花生预处理是在取油之前对花生进行剥壳、清理、破碎、轧胚、蒸炒、膨化等一系列处理，其目的是去除杂质，将花生油料制成具有一定结构性能的物料，以符合不同取油工艺的要求。在花生油生产中，油料预处理对花生油的生产效果产生重要影响，其影响不仅在于改善了花生油料的结构性能而提高了出油速度和深度，还在于对花生中各成分产生作用而影响了产品和副产品的质量。

（1）剥壳：

①剥壳的目的、要求和方法。a.剥壳的目的是提高出油率、提高毛油和饼粕的质量、减轻对设备的磨损、增加设备的有效生产量、利于轧胚等后续工序的进行及皮壳的综合利用。花生皮壳量在20%以上，而且皮壳中色素、胶质及蜡质的含量较高，含油量极少。如果带皮壳制油，皮壳不但不出油，反而会吸附油脂并残留在饼粕中，降低出油率；皮壳中的色素等成分在制油过程中会转移到毛油中，使毛油的色泽加深、质量下降；所得饼粕中皮壳含量很高，蛋白质含量低，使饼粕的利用价值降低。b.剥壳的要求是剥壳率高、漏子少、粉末度小，利于剥壳后仁壳分离。c.常用的剥壳方法，利用粗糙面的碾搓作用、打板的撞击作用、锐利面的剪切作用及轧辊的挤压作用等使花生皮壳破碎进行剥壳。

②影响剥壳效果的因素。影响花生剥壳的主要因素有花生的成熟度、含水量及粒度组成。花生的成熟度好，籽粒饱满，千粒重大，就容易剥壳，反之不易剥壳。花生的水分含量对外壳的强度、弹性和塑性以及花生仁的粉碎度都有直接影响，一般情况下，花生的含水量越低，其外壳越脆，剥壳时易破碎，但剥壳后混合物的粉末度增加；反之外壳的韧性好，剥壳时的破壳率低，但剥壳后的整仁率提高。在花生剥壳时应保持最适当的含水量，使外壳和仁具有最大弹性变形和塑性变形的差异，这样一方面使外壳具有最大的脆性易于破碎，另一方面使花生仁不至于在机械外力下粉末度太大。因此，控制花生剥壳时的水分含量，对提高剥壳效率和减少粉末度都十分重要。

③花生剥壳后的仁壳分离。花生剥壳后成为含有整仁、壳、碎仁及未剥壳整料的混合物，必须将这些混合物有效地分成仁、壳及整料三部分，仁和仁屑进入制油工序，壳和壳屑进入壳库打包，整料则返回剥壳设备重新剥壳。

对仁、壳分离的要求是通过仁壳分离程度的最佳平衡而达到最高的出油率，若强调过低的仁中含壳率，势必造成壳中含仁率增加而导致油的损失，而仁中含壳太多，同样会由于壳吸油而造成较高的油损失。通常要求花生剥壳及壳仁分离后仁中含壳率（10目筛检验）不应高于1%，壳中含仁率不高于0.5%，生产上一般采用筛选和风选的方法将其分离。大多数剥壳设备本身就带有筛选和风选系统组成的联合设备，以简化工艺，同时完成剥壳和仁壳分离过程。

(2)花生仁的清理：

①清理的目的和要求。所谓花生仁的清理，就是除去花生仁中所含的杂质。花生仁中所含的杂质可分为有机杂质、无机杂质和含油杂质三类，有机杂质主要有茎叶、皮壳等，无机杂质主要有灰尘、泥沙、金属等，含油杂质主要是病虫害粒、不完善粒、异种粒等。

对花生仁的清理主要是根据花生仁与杂质在粒度、密度、形状、表面状态、硬度、磁性、气体动力学等物理性质上的差异，采用筛选、磁选、风选、密度分选等方法和相应的设备，将花生仁中的杂质去除。对花生仁清理的要求是尽量除净杂质，且力求清理流程简短，设备简单，除杂效率高。花生仁经过清理后，不得含有石块、铁杂等大型杂质。花生仁中含杂质的最高限额为0.1%，杂质（下脚料）中含花生仁的最高限额为0.5%。

②清理方法。第一是筛选，筛选是利用花生仁和杂质在粒度上的差别，借助花生仁和筛面的相对运动，通过筛孔将小于花生仁的杂质清除掉。利用筛选设备对花生仁进行清选，首要的是根据花生仁的大小选择合适的筛孔尺寸，其次选择合适的筛孔。一般来讲，花生仁宜用长圆形筛孔的筛板进行筛选。此外，筛选效果的好坏与筛孔的排列方式密切相关，在保证筛面强度的前提下，适当缩小筛孔的间距、增加筛孔的面积，可提高筛选效果。长圆形筛孔的排列方式一般有直行式、交叉式和斜行式三种。第二是风选，风选是根据花生仁与杂质在密度和气体动力学性质上的差别，利用风力分离花生仁中的杂质。风选可去除花生仁中的轻质杂质及灰尘，还可用于花生剥壳后的仁壳分离。其基本原理为：处于风流中的物体都将受到气流的作用，其大小与物体本身的形状、体积、表面积及物体在气体中的位置、气流速度、空气密度等有关，当气流速度恒定时，各种物体因具有的阻力系数和受力面积不同，它们在气流中所受到的作用力也不同。它们之间的这种差异就成为利用气流来分离杂质的一个重要依据。第三是磁选，磁选是利用磁铁清除油料中的金属杂质。金属杂质在油量中的含量不高，但它们的危害却很大，容易造成设备，特别是一些高速运转设备的损坏，甚至可能导致严重的设备事故和安全事故，故必须清除干净。磁选设备根据磁性获得方法的不同，可分为永久磁铁装置和电磁除铁装置两种。第四是除尘，花生仁中所含的灰尘不仅影

响油、粕质量，而且会在花生仁清理和输送过程中飞扬起来。这些飞扬的灰尘污染空气，影响车间卫生，因此必须加以清除。首先是密闭尘源，缩小灰尘的影响范围，然后设置除尘网，将含尘空气集中起来并除去其中的灰尘。

（3）花生仁的破碎：用机械将花生仁粒度变小的工序叫破碎。破碎的目的对大粒花生仁而言，是改变其粒度，以利于轧胚；对于预榨花生饼来说，是使饼块大小适中，为进出或第二次压榨创造良好的出油条件。花生仁的破碎工艺指标如表26所示。

表26　　　　　　　　花生仁破碎的工艺指标

油料	设备	原料水分(%)	破碎程度	粉末	
				通过筛(目/in)	不超过量(%)
花生仁	对辊破碎机	7~12	6~8瓣	20	5
	牙板破碎机				
预榨饼	对辊破碎机	8~11	最大对角线 6~10毫米	——	8
	齿辊破碎机				

①花生仁破碎的目的和要求。在花生仁轧胚之前，必须对大粒花生仁进行破碎，其目的是通过破碎使花生仁具有一定的粒度，以符合轧胚条件。花生仁破碎后的表面积增大，利于软化时温度和水分的传递，使软化效果提高。对于颗粒较大的压榨饼块，必须将其破碎成为较小的饼块，这样才更利于压榨或浸出取油。

破碎的要求：花生破碎后粒度均匀，不出油，不成团，少成粉，粒度符合要求（6~8瓣），粉末度控制为通过20目/in的筛不超过5%，预榨饼破碎后的最大对角线长度为6~10毫米。

②花生仁破碎的方法。花生仁破碎的方法有撞击、剪切、挤压机碾磨等几种形式，油厂常用的破碎设备主要是齿辊破碎机，也可采用锤式破碎机。

对花生仁进行破碎时，需要保持花生仁流量均匀，否则不仅容易损坏设备，而且难以达到破碎要求；要经常对破碎设备进行清理，避免黏结堵塞现象发生；及时更换易磨损部件，如齿片、锤片和磨片等；保持运转平稳，对于齿辊破碎机，要求在运转时不得有径向跳动或轴向窜动现象发生。

（4）轧胚：
①轧胚的目的和要求。轧胚的目的在于破坏油料的细胞组织、增加油料的表面积，

提高蒸炒效果，缩短油脂流出的路程，利于油脂的提取。对轧胚的要求是料胚薄而均匀，粉末度小，不漏油。通常料胚越薄出油率越高，但要求料胚薄而不碎，尽量减小料胚粉末度，以避免料胚粉末对后续的蒸炒、压榨带来不利影响。花生料胚厚度要求在0.5毫米以下，料胚粉末度控制在20目/in筛的筛下物不超过3%。在轧胚时还要防止油料受轧出油，避免由于辊面带油而造成轧辊吃料困难和料胚黏辊现象。

②轧胚的原理。轧胚时，油料受到轧胚机轧辊施加的机械外力作用，由粒状变为片状。轧辊对料粒施加外力的形式和大小由轧辊的形式及两辊间的圆周速度决定。

用光面辊的轧胚机进行轧胚时，花生料粒从轧胚机的喂料斗落入两轧辊间的空隙，受到物料与辊面的摩擦力作用而被拉入并顺次通过轧辊中心线的工作缝隙。在此过程中，花生料粒受到轧辊施加的机械碾轧作用而发生变形，成为薄的胚片。轧辊对花生料粒的碾轧程度，随两个轧辊圆周速度的比值而变化，如果两个轧辊的圆周速度相同，则花生料粒在工作缝隙中只受到挤压作用，产生弹性变形和塑性变形而形成薄片；如果两个轧辊的圆周速度不同，物料不仅收到挤压作用，还受到搓碾和剪切作用，这时花生料粒的两边分别受到以不同速度旋转的辊面的摩擦作用，使料粒内部在某一平面或某些平面发生了位移。两辊圆周速度的差异越大，粒子收到的剪切作用和搓碾作用越强烈，粉碎的粒子也越多。当物料通过两辊之间距离最小处后，轧辊工作面对物料的作用就停止了，物料与辊面脱离了接触，落入轧胚机下部被送走或进入下一对轧辊的缝隙中。

（5）花生胚的蒸炒：

①蒸炒的目的和类型。蒸炒的目的在于通过温度和水分的作用，使料胚在生物化学组成以及物理状态等方面发生变化，以提高压榨出油率及改善油脂和饼粕的质量。蒸炒使油料细胞彻底破坏；使蛋白质发生变性，油脂聚集；油脂黏度和表面张力降低；料胚的弹性和塑性得到调整；所含的酶类被钝化，有利于制油工艺顺利进行。

花生胚的蒸炒一般采用湿润蒸炒，湿润蒸炒是指在蒸炒开始时利用添加水分或直接喷入蒸汽的方法使生胚达到最优的蒸炒初始水分，再将湿润的料胚进行蒸炒，使蒸炒后熟胚的水分、温度及结果性能满足压榨取油的要求。正确的蒸炒方法不仅能提高压榨出油率和产品质量，而且能降低榨机负荷，减少榨机磨损及降低动力消耗。

②湿润蒸炒的工艺技术。首先，湿润阶段应尽量使水分在料胚内部和料胚之间分布均匀，因此除了要求湿润均匀和充分搅拌外，还需要一定的时间让水分在料胚间和料胚内部扩散均匀。湿润的方法有加热水、直接喷蒸汽、水和蒸汽混合喷入等。料胚的湿润水分一般为13%~15%，在设备条件允许的情况下可适当加大，花生仁的最高

湿润水分为15%~17%。其次是蒸胚,生胚经湿润后,应在密闭的条件下继续加热,使料胚表面吸收的水分渗透到内部,并通过一定时间的加热,使蛋白质等物质发生变化。蒸胚时要求料胚蒸透蒸匀。第三是炒胚,主要作用是加热除水,使料胚达到最适宜压榨的低水分含量。炒胚时要求尽快排出料胚中的水分,经过炒胚,出料温度应达到105~110℃,水分含量控制在5%~8%之间。第四是均匀蒸炒,蒸炒对熟胚性质的基本要求是必须具有合适的塑性和弹性,同时要求熟胚要有很好的一致性。熟胚的一致性包括熟胚总体一致性和熟胚内外部的一致性,总体一致性是指所有熟胚粒子在大小和性质方面一致,内外部的一致性是指每个料胚粒子表里各层的性质一致。

2. 花生仁压榨制油

(1)压榨法制油的基本原理:压榨取油的过程就是借助机械外力的作用,将油脂从榨料中挤压出来的过程。压榨过程中发生的主要是物理变化,如料胚变形、油脂分离、摩擦生热及水分蒸发等。但是由于温度、水分、微生物等的影响,同时也会产生某些生物化学方面的变化,如蛋白质变性、酶的钝化及破坏、某些物质的相互结合等。压榨时,榨料粒子在压力作用下内外表面相互挤紧,致使液体部分和凝胶部分分别产生两个不同的过程,即油脂从榨料空隙中被挤压出来和榨料粒子变形形成坚硬的油饼。

(2)影响花生仁压榨取油的主要因素:

①榨料结构的影响。榨料结构指榨料的机械结构和内外结构两个方面,榨料结构的性质主要取决于预处理(主要是蒸炒)的好坏及油料本身的成分。对榨料结构的一般要求为:榨料颗粒大小适当并一致,榨料内外结构的一致性好,榨料中完整细胞数越少越好,榨料体积、质量在不影响内外结构的情况下越大越好,榨料中的油脂黏度与表面张力尽量低,榨料粒子要具有足够的可塑性。

②压榨条件的影响。除榨料本身的结构条件以外,压力、时间、温度、料层厚度、排油阻力等压榨条件是提高出油效果的决定因素。第一,压榨过程的压力。压榨法取油的本质是对榨料施加压力取出油脂,压力大小、榨料受压状态、施压速度以及变化规律等对压榨效果均产生不同影响。第二,施压速度及压力的变化规律。压榨过程中对压力变化规律的最基本要求是压力变化必须与排油速度的变化一致,即"流油不断",对榨料突然施加高压会使油路闭塞。研究认为,压力在压榨过程中的变化一般呈指数或幂函数关系。第三,足够的时间。压榨时间与出油率之间存在一定的关系,通常认为压榨时间长流油较净,出油率高。这对静态压榨比较明显,对动态压榨也适用,但相对时间大为缩短。实际生产中压榨时间不宜过长,否则对出油率提高不大,还影响设备的处理量。

③榨油设备的影响。榨油设备的类型和结构在一定程度上影响工艺条件的确定，要求榨油设备在结构设计上尽可能满足多方面的要求，如生产能力大、出油效率高、操作维护方便、动力消耗小等。具体包括：施于榨料足够的压力，压力按排油规律变化且能适当调节；进料均匀一致，压榨连续可靠，饼薄而油路通畅；减小排油阻力，能以调节排油面积来适应不同的油料；压榨温度装置满足最佳流油状态；生产过程连续化，设备运转可靠，结构和操作简单，维护方便；节约能源。

3. 花生油的精炼

(1)毛油中悬浮物的特点与分离：经压榨法制取的未精炼的植物油脂一般称为毛油或粗油，毛油通常含有一些油料饼屑、泥沙及草秆纤维等固体杂质，这些杂质多以悬浮状态存在于毛油中，故称之为悬浮杂质。毛油中悬浮杂质的存在对毛油的输送、暂存及精炼效果都产生不良影响，因此必须及时将其去除。

①毛油悬浮物的特点。毛油中悬浮物的组成比较复杂，加上油脂的化学组成和结构，毛油中水分、胶溶性组分和脂溶性组分的交互影响，使得毛油悬浮物有自己的特点。因此，分析油脂悬浮物的性质及特点，对确定分离工艺、分离设备、分离操作及提高分离效果均有重要意义。

②毛油悬浮物的分离方法。对毛油中悬浮杂质的分离，通常采用沉降和过滤的方法。因为毛油中悬浮杂质的含量、粒度大小、组分类型和性质随制油工艺的不同而有很大差别，所以不同制油工艺所得到的毛油，其悬浮物分离的设备和工艺也不同。生产中，一般将压榨毛油中悬浮物的分离工艺分为油、渣分离(粗分离)和悬浮物分离(细分离)两个步骤。压榨毛油经过粗分离可以除去较大颗粒的固体杂质，但仍然含有一些细小的固体杂质和悬浮杂质，这些细小杂质的存在对后续油的精炼效果产生重要影响。因此在毛油粗分离后，还要进一步对毛油中的悬浮物进行细化分离，要求经细分离后毛油中悬浮杂质的含量在0.1%以下。

(2)压榨毛油的油、渣分离：压榨所得的毛油中，含有许多粗的或细的饼渣(油渣)，且随榨料的性质、压榨条件、榨机机构的不同而变化很大，含量一般在2%~15%之间。一般要求压榨过程中排渣量控制在10%以下，而实际上有时可高达15%。油、渣分离就是对这些压榨毛油中的饼渣进行分离，通常在压榨后立即进行，并将分离出来的饼渣送回蒸炒锅随料胚一起进行复榨。

①压榨毛油除渣的特点。压榨毛油中含渣量很大，渣粒大小不一，且由于其他胶体杂质的存在使其黏度较大，因此油、渣分离较一般液体中固体的分离困难。粗分离

的要求是分离后毛油中的含渣量尽量低，分离出的油渣中残油尽量少。毛油除渣应及时，且分离工艺要简短。

粗分离后的毛油含渣量和油渣的含油量随分离工艺和所用设备的不同而有差异，一般经粗分离后毛油的含渣量为0.5%～1.5%。若仅利用澄油箱进行重力沉降，则可使毛油中的含渣量从10%～15%降到1%左右，而采用重力沉降和过滤相结合的方法，可使分离后毛油的含渣量降至0.1%～0.3%。油渣中的含油量一般在20%～50%之间。

②毛油除渣的方法和设备。对于含渣量高的毛油，最好采用沉降和过滤两步分离的方法，第一步在澄油箱内将大而重的固体饼渣分离，第二步用板框压滤机或叶片式过滤机分离出细小饼屑。

（3）毛油悬浮物的沉降分离：沉降法分离按悬浮粒子在液体中所受作用力的不同分为重力沉降和离心沉降。

①重力沉降。在重力作用下的自然沉降分离是最简单且最常用的分离方法。它是利用悬浮杂质与油脂的密度不同，在自然静置状态下，使悬浮杂质从油中沉降下来而与油脂分离。重力沉降的分离效率低，一般适用于毛油中大颗粒杂质的分离，也适用于油脂水化脱胶和碱炼脱酸过程中胶粒和碱粒的分离。当重力沉降用于细微粒子分离时，为了提高沉降速度，一般要进行凝聚处理。

②离心沉降。借助于高速旋转产生的离心力，使油脂悬浮体系的液体和悬浮物分离，实现固液相分离。离心沉降对于悬浮物粒度小、固液密度差较小的悬浮液分离有明显的优越性。油脂生产中常用的离心沉降设备有管式离心机、蝶式离心机和螺旋离心机。

（4）毛油悬浮物的过滤分离：过滤分离是在重力或机械外力的作用下，使悬浮液通过过滤介质，悬浮杂质被截留在过滤介质上形成滤饼，从而除去悬浮杂质的一种方法。这种方法可以用于悬浮杂质的分离，也可用于工艺性悬浮体的分离。

根据过滤推动力类型的不同，过滤常分为重力过滤、压滤、真空过滤及离心过滤等，其中重力过滤的生产效率低，仅在生产规模较小的工厂中使用；压滤广泛用于固体含量为1%～10%、可滤性差的悬浮液的分离，其推动力是输油泵输出的压力或压缩空气，在油脂工厂中应用较普遍；真空过滤的推动力较小，因而只用于细颗粒所占的比重较低的悬浮液和可压缩滤饼的过滤；离心过滤用于固体含量较多而颗粒度较大的悬浮液的分离，其推动力是离心力。

①过滤速率。过滤操作中最初被过滤介质所截留的仅是大于或相当于介质孔隙的颗粒，由于充填压缩形成了一些更为狭窄的孔道，从而有可能截留悬浮液中的细微颗

粒。滤饼构成的过滤通道弯弯曲曲，交错连通，很不规则，加上胶黏颗粒的压缩影响，使油脂悬浮体系的过滤复杂化，过滤过程中任一时刻的过滤速率都与过滤面积、过滤推动力、过滤介质及滤饼性质有关。

②影响过滤的因素。a.悬浮体系的性质。油脂悬浮体系中的固体含量、固体颗粒的粒度和机械性能直接影响滤饼的结构特性，直接影响过滤阻力和过滤速度。在推动力及过滤体系其他参数相同的情况下，固体浓度越大，则过滤速度越慢。颗粒越大越坚实，且有不可压缩性，故形成的滤饼阻力越小，过滤速度越快。颗粒的机械性能影响滤饼的压缩程度，进而影响过滤操作参数的选择。b.过滤推动力。过滤推动力是指滤液通过滤饼和过滤介质时的总压强，它可以随时间变化，也可以是常数，这取决于机械泵的特性或推动力来源。c.过滤介质和助滤剂。过滤过程中凡能截留固体而让液体通过的材料都可视为过滤介质，对过滤介质的基本要求是多孔性、阻力小、耐热、耐腐蚀并有足够的机械强度。油厂采用的过滤介质有棉织品、毛织品、金属丝编织品、化纤织品以及工业滤纸等，常用的棉织品有32S/8棉帆布、32S/4斜纹帆布、20S/6无梭苫盖布及普通白细布等，常用的化纤织品有#240、#260、#261、#747涤纶滤布和#828维尼龙滤布等，经纬股数多的用于粗油过滤，股数少的用于精油过滤。对于特殊要求的精油过滤，还要在外层覆盖一层白细布或工业滤纸。金属丝编织品常选用不锈钢钢丝产品。#016/100型筛网（100目/in）多用于粗花生油的过滤，#20/180、#24/360型过滤网（180、360目/in）则用于花生油的过滤。

③其他因素。悬浮液的输送方式对过滤过程也产生重要影响，低剪切力的泵可以避免絮凝颗粒或晶粒破裂；脉冲小的泵可以维持良好的滤饼结构，从而获得较高的过滤效率。此外，间歇过滤循环周期长短的选择对过滤的影响也很重要，选择合理的循环周期才能取得较好的经济效益。

4.花生油的物理精炼

毛油精炼是将油脂与杂质分离，以提高油脂食用及贮藏时的稳定性及安全性。花生油毛油的精炼是多种物理过程的综合过程，各种物理过程能对伴随物选择性地发挥作用，使其与油脂的结合减弱并从油脂中分离出来。这些过程的特性和次序，一方面由油品性质和质量决定，另一方面由成品油要求决定。因此要注意各个精炼阶段的条件选择，以便最大限度地防止水、氧、热对油脂的不良影响。此外，将油脂的伴随物最大限度地从毛油中分离出来是精炼的重要任务。

在油脂工业中，以压榨法制取的未经精炼的油脂称为粗脂肪（俗称毛油），毛油的主要成分是甘油三酸酯,此外毛油中还存在多种非甘油三酸酯成分,这些成分统称为杂质。杂质的种类和含量随制油原料的品种、产地、制油方法、贮藏条件的不同而不同,根据杂质在油中的分散状态,可将其分为悬浮杂质、水分、胶溶性杂质、油溶性杂质等几类。

(1)悬浮杂质:靠油脂的黏性、悬浮力或机械搅拌力,以悬浮状态存在于油脂中的杂质称为悬浮杂质(亦称为机械杂质),如饼屑、泥沙等。这些杂质通常不能被乙醚或石油醚溶解,由于其密度及力学性质与油脂有较大差异,往往采用重力沉降法、离心法及过滤法即可从油脂中分离出去。

(2)水分:制油过程中总会有一些水分进入毛油中,水在天然油脂中的溶解度很小,但随着油脂中游离脂肪酸、磷脂等含量的增加以及温度的升高,水在油脂中的溶解度也有所升高。油脂中的水分分游离状和结合状两种。水能与油形成油包水的状态悬浮在油中,磷脂、蛋白质、糖类等胶溶性物质的亲水基团吸附水分后与油脂形成乳化体系。花生油中水分含量超过0.1%时,油脂的透明度就不能达标。水分的存在还可使解脂酶活化,分解油脂使酸价升高。毛油精炼时用常压加热或减压低温干燥的方法进行脱水,前者会导致油脂的过氧化值增高,减压干燥则无此弊端,且有利于提高油脂贮存时的稳定性。

(3)胶溶性杂质:胶溶性杂质包括磷脂、蛋白质、糖类及树脂等,该类杂质能溶于水并与油脂形成胶溶性体系。在该体系中油脂为连续相,胶溶性杂质为分散相。

①磷脂。磷脂是磷酸甘油酯的简称,花生油中磷脂的含量随品质、产地、成熟度的不同而异。蛋白质含量丰富的油料,磷脂含量也高,花生油中磷脂的含量为0.6%~1.2%。

②蛋白质、糖类及黏液质。毛油中的蛋白质大多是简单的蛋白质以及碳水化合物、磷酸、色素与脂肪酸结合的糖肮、磷肮、脂肮及蛋白质的降解物,其含量取决于油料蛋白质的生物合成及水解程度。糖类包括戊糖胶、多缩戊糖、硫代葡萄糖苷及糖基甘油酯等。糖类以游离状态存在于油脂中的较少,多数与蛋白质、酯类、甾醇等组成复合物而分散于油中。黏液质是单糖和半乳糖酸的复杂化合物,其中还可能结合有机元素。毛油中蛋白质、糖类虽然含量不多,但因其具有亲水性,容易促使油脂发生水解,且具有较高的灰分,会影响油脂的品质和稳定性。此外,糖类、蛋白质降解后会形成新的结合物,如氨基糖等,用一般除色剂很难将其去除。糖类在无水条件下高温受热或在稀酸的作用下,会发生水解和脱水两种反应,其产物聚合后生成无水糖苷——焦糖,焦糖

是苦味黑色色素，能使颜色变深，且吸附脱色困难。它们均为亲水成分，在精炼操作中能和磷脂一起从毛油中去除。

（4）脂溶性杂质：

①游离脂肪酸。毛油中的游离脂肪酸（FFA）一是来源于种仁，二是甘油三酯在制油过程中受热分解或受解脂酶的作用而分解产生。一般花生油毛油中游离脂肪酸的含量为 0.5%~1.0%。油脂中游离脂肪酸的含量过高，会产生刺激性气味影响油脂的风味，加速中性油脂水解酸败；不饱和脂肪酸对热和氧的稳定性差，促使油脂氧化酸败，妨碍油脂氢化的顺利进行并腐蚀设备。油脂中存在游离脂肪酸会增加胶溶性物质和脂溶性物质的溶解度，FFA 本身是油脂、磷脂水解的催化剂。此外，水在油脂中的溶解度也会随游离脂肪酸含量的增加而升高。总之，FFA 存在于油脂中会削弱油脂的物理、化学稳定性，应尽量将其除去，以达到国家规定的含量标准。

②甾醇。甾醇又称为类固醇，以环戊烷多氢菲为骨架的化合物统称为甾族化合物，环上带有羟基的即为甾醇。甾醇是天然有机物的一大类，动植物组织内都有。动物普遍含胆甾醇（常称为胆固醇），植物中则很少。在紫外线的照射下，甾醇会转变为维生素 D，如麦角甾醇转变为维生素 D，具有生理活性，可用来治疗人类软骨病。甾醇通常是无色、无味、高熔点的晶体，溶于非极性有机溶剂，难溶于乙醇、丙酮，不溶于水、酸和碱，对热和化学试剂都较稳定，不易皂化。植物甾醇在油中或呈游离态，或与脂肪酸生成酯类，或与其他物质生成苷类。油脂吸附脱色时可除去大部分甾醇，油脂高温蒸汽脱臭时也可除去部分甾醇，油脂精炼时形成的皂角能够吸附除去小部分甾醇。甾醇在油脂中存在的利弊虽有不少论述，但尚无定论，是有待研究的课题之一。

③生育酚。维生素 E 是生育酚的混合物，主要存在于植物油脂中，对油脂具有抗氧化作用。维生素 E 可看作色满环的衍生物，有八种异构体，即 α-生育酚、β-生育酚、γ-生育酚、δ-生育酚及相应的四种生育三烯酚。

生育酚是淡黄色至无色、无味的油状物，由于具有较长的侧链而溶于油，易溶于非极性有机溶剂，难溶于乙醇、丙酮，不溶于水，对酸、碱都较稳定。α-生育酚、β-生育酚轻微氧化后形成不具抗氧化性的生育醌。γ-生育酚在相同的轻微氧化条件下会部分转变为苯并二氢吡喃-5,6-醌，是一种深红色物质，可使植物的颜色加深。油脂加工的脱臭馏出物中富含生育酚，用分子蒸馏法可从中制取浓缩生育酚。生育酚在食用油脂精炼过程中约有 50% 被除去，剩余部分存在于成品油中，对油脂的抗氧化作用起着举足轻重的作用。

④色素。油脂中的色素可分为天然色素和加工色素，天然色素主要是叶绿素、类

胡萝卜素及其他色素；在油料的贮运、加工过程中产生的新色素为加工色素，它们是霉变及蛋白质与糖类的分解产物发生反应而产生的色素，或油脂与类脂经氧化、异构化产生的色素。色素不仅影响油品的外观和使用性能，且影响油脂的稳定性。叶绿素和脱镁叶绿素是光敏物质，被可见光或近紫外光激活后能加速油脂的氧化劣变，人工合成的抗氧化剂对光氧化作用无法终止，而胡萝卜素能阻止光氧化作用。此外，胡萝卜素高度不饱和，因此比油脂更容易氧化，在氧化过程中与油争夺氧，从而保护了油脂。它被氧化到一定程度后，便成为氧的载体，又会促进油脂氧化劣变。油脂脱色时常用吸附剂将油脂中的色素进行脱除。

⑤烃类。花生油中含有少量饱和烃或不饱和烃。这些烃类与甾醇、4-甲基甾醇等其他化合物一起存在于不皂化物中，有正链烃、异链烃及萜类等；花生油中含有两种不饱和烃类。烃类的饱和蒸汽压比油脂的高，油脂脱臭时即可将其脱除。

⑥其他油溶性杂质。花生油料在贮存、制油过程中发生水解反应的产物除脂肪酸外，还有单甘酯、二甘酯和甘油，发生氧化则会产生醛、酮、酸、过氧化物等，它们都溶于油脂。此外，这些物质有些是油脂水解或氧化的催化剂，有的会使油脂产生异味而影响油脂的品质和稳定性，因此必须在精炼时加以脱除。

（三）花生的食品加工

除了榨油外，花生自古以来就是人们喜爱的一种食品。新近的研究证实，花生具有平衡膳食，预防心血管病、糖尿病和肥胖，抑制癌细胞生长和抗衰老的防病保健功能，从而促使欧美食用花生的消费量连年上升，有的国家甚至形成了"食用花生热"。随着花生加工方法的日益多样化，各类花生食品大量涌现，花生总产量中用于榨油的比例逐年下降，而用于食品加工和直接食用的比例逐年上升。

1.五香花生米

（1）配料：每百千克花生仁用细盐6~7千克，五香粉50~75克。

（2）操作：

①炒前处理。去除破烂、发霉的花生仁，用50~60℃的水烫一下。若水温低，可浸泡2~3分钟后捞入容器。加入各种辅料拌匀，置一昼夜，在炒制前筛去盐及五香

图55 五香花生米

粉（可供下次再用）。

②炒制。每锅约炒10千克，炒时先将相当于花生仁体积80%以上的白胶泥土（碾粉）或白土、黄土用旺火炒开，再放入花生仁不断翻炒，大约经过10分钟花生仁稍变黄后筛去泥土，即为成品。筛下来的土可连续使用数次，但土凉后就不能再用，或经多次使用后土色变黄、发黏也不能再用，否则炒出的花生米易出油，颜色也不美观。

2.巧克力花生豆

(1)配方：可可粉（含糖）4千克，可可脂1.6千克，糖粉1.5千克，食用酒精0.5千克。将可可粉、可可脂、糖粉微加热，使之成浆、冷却，加酒精混匀，呈糨糊状时起锅，接近冷却但尚未凝结时用。

(2)加工方法：精选颗粒饱满、无霉烂破粒的花生仁，放入浓度为0.01%～0.02%的葡萄糖或饴糖水溶液中，然后放入用60%精制粉芡、40%精粉制成的稀稠适度的粉浆中挂粉，捞出沥干，再放入温度为177～193℃的植物油中炸3～8分钟，至表面呈棕黄色为止；捞出沥干，稍冷却，再用2%食盐水均匀喷洒至微咸为止；然后放入巧克力糖浆中，浸泡后立即捞出，均匀地摊放在钢化玻璃上干燥，凉后即可包装。

3.奶油香酥花生仁

(1)原料选择：挑选果仁饱满、表皮无损伤、无霉变的花生仁作原料，并按大、中、小分成3级，分别密封包装，放于干燥处待用。

(2)调粉液配方：食盐3克、猪油15克、糖3克、面粉6克、水140毫升，将上述辅料调匀后加热至沸腾，经冷却再加入发酵素6克调匀即可。

(3)调味液配方：砂糖10克、奶油20克、面粉3克、水20毫升，以上配料混合后加热调成糊状即成。

(4)制作要点：

①将100克带衣花生仁在130℃下烘烤热，边烘烤边加入调粉液，并使花生仁滚动，使调粉液均匀地附在花生仁表面，直至完全裹上。

②将裹了粉的花生仁放入160～175℃的油中炸，油炸至金黄色起锅。

③将调味液倒入起锅后的油炸花生仁中，迅速摇滚，使调味液均匀地分布在花生仁表面。

④将着味后的花生仁摊开，待散去热气和水分，冷却后即可进行包装。

4.鱼皮花生

(1)原料配方：花生仁25千克、标准粉15千克、大米粉7千克、白砂糖4千克、饴糖3千克、泡打粉200克、麻油500克、酱油4千克、味精50克、三奈50克、八角50克。

（2）主要设备：滚糖锅、转动烤炉、和面机、塑料袋热合机。

（3）工艺流程：生花生仁→筛选→成型→半成品→烘烤→调味→冷却→成品。

（4）操作要点：

①筛选。挑出霉变、碎瓣及不规则的花生，筛出大中小粒，分别使用。

②调粉。将标准粉10千克和大米粉7千克在搅拌机中混匀，制成调和粉，待用。

③制调味液。将饴糖在锅中加热，并加入白砂糖，融化后离火，加入香料汁（三奈、八角加清水煮沸20分钟左右，取汁，再煮，再取汁，再将汁合在一起，加入味精）的一半。待冷至室温时，加入泡打粉。

④成型。将花生放入转锅中，转锅开始转动。将糖汁细而均匀地浇在花生仁上，再薄薄地撒一层标准粉（3千克左右），再浇一层糖汁，撒一层调和粉，直到调和粉全部撒在花生米上。最后再把剩下的标准粉（2千克）撒在花生米表面，裹实摇均出转锅。

⑤半成品阴干。将半成品摊开阴干，夏季24分钟左右，冬季60小时左右。

⑥烘烤。将半成品放在烤炉中烤熟，开始可用木棒敲打转笼，使其不粘连，烤至笼内发出阵阵喀喀声、表面呈微黄色、花生仁呈象牙黄色时，马上倒放调味料，锅中调味。

⑦调味。将稀释的酱油（水比酱油1∶1）煮沸，加入另一半香料汁混匀。向热坯迅速泼上适量调味液，开动机器拌匀，然后转入转盘中冷却，表面洒上少量熟清油，混合均匀。

⑧包装。冷却后，剔除变形、烤糊等次品，用塑料袋包装。

（5）产品质量：

①外形。颗粒均匀，呈椭圆形，无裂口。

②色泽。外表呈黄红褐色，有光泽。

③口味。皮薄而均匀，酥脆可口，甜咸适度。

5. 花生酱

花生酱具有浓郁的香味，品质优良，味美可口，易于消化吸收。花生酱富含蛋白质、脂肪、维生素等各种人体必需的营养成分，是一种高级营养和佐餐食品。花生酱由于营养价值高且不含胆固醇、风味独特、食用方便，在西方国家颇受欢迎，尤其在美国，已经成为每天饮食中必不可少的食品，在超市中人们可随意挑选各自喜爱的花生酱。

现行的花生酱一般用全脂花生制作而成，由于全脂花生含油量高，降低了花生酱中油脂的含量，于是生产新型花生酱是发展趋势。由于"文明病"的增长，主流花生酱产品由传统的全脂花生酱逐渐向低脂或脱脂花生酱、营养风味型花生酱转变。主要是直接脱去花生中的油脂或通过添加其他低脂或无脂食品原料来降低加工基料的脂肪率，一方面降低成品的热能值，另一方面突出成品的营养均衡和独特风味。

新型花生酱从改变原料的配方入手，使蛋白质含量相应得以提高。新型花生酱外观上与传统花生酱并无显著的差异，制作工艺与现行加工工艺的主要区别在于，原料配比中使用了一部分脱脂花生。然而这两种花生酱的营养成分与营养价值则有明显的区别，普通花生酱含油脂47%左右，新型花生酱只含油脂20%～35%；新型花生酱的蛋白质含量增加15%左右，碳水化合物亦有所增加，水分、灰分、纤维则差别不太大；其优点是热值相应降低。而在我国，由于饮食习惯差异，加工工艺落后，其产品品种少，风味、涂抹性、感官质量和贮存期等都不尽人意，因而花生酱的大规模生产厂家少，消费群体数量也不多。我国的花生酱主流产品还是全脂花生酱，低脂或脱脂花生酱、营养风味型花生酱研究较少，花生酱在国际市场也没有形成品牌。

(1)工艺流程：原料选择→热烫→冷却→脱膜→漂洗→打浆→微磨→调配→均质→真空浓缩及杀菌→罐装→杀菌→冷却→成品。

(2)操作要点：

①原料选择。选用籽粒饱满、仁色乳白、风味正常的花生仁，剔除其中的杂质和霉烂、虫蛀及未成熟的颗粒。

②热烫及冷却。将选好的花生米仁入沸水中热烫5分钟左右，随后迅速捞出并放入冷水中迅速冷却，使花生米的红衣膜在骤热骤冷中先膨胀后收缩起皱，以便于去膜。热烫时应注意时间不宜过长，以免花生仁与衣膜一起受热膨胀，不利于衣膜与花生仁的脱离。

③脱膜及漂洗。轻轻搓揉去掉衣膜，并用流动的清水漂洗干净。

④打浆及微磨。将漂洗后的花生仁用打浆机打成粗浆，再通过胶体磨磨成细浆液。

⑤调配。配料比例为花生浆液30千克、蔗糖（白砂糖）35千克、琼脂250克。预先将蔗糖配成70%浓度的浓糖液，用少量热水将琼脂溶胀均匀，然后将所有物料置于不锈钢配料桶中调和均匀。为了增

图56　花生酱

加产品的稳定性,采用琼脂作增稠剂、稳定剂。

⑥均质。调配好的料液用40 MPa的压力在均质机中进行均质,使浆料中的颗粒更加细腻,有利于成品质量及风味的稳定。

⑦浓缩及杀菌。为保持产品的营养成分及风味,采用低温真空浓缩,浓缩条件为60~70℃、0.08~0.09 MPa,以浓缩后浆液中可溶性固形物含量达到62%~65%为宜。当浓缩达到上述要求时,关闭真空泵,解除真空,迅速将酱体加热至95℃,维持50秒进行杀菌,完成后立即进入罐装工序。

⑧罐装及杀菌。将四旋玻璃瓶及瓶盖预先用蒸汽或沸水杀菌,保持酱体温度在85℃以上装瓶,并稍留空隙,通过真空封罐机封盖密封。封罐后置于常压沸水中保持10分钟进行杀菌,完成后逐级水冷至37℃左右,擦干罐外的水分,即得到成品。

6. 花生奶(乳)

花生奶(乳)是以花生为原料生产的乳浊型植物蛋白饮料,口感细腻、香甜、顺滑、风味独特,且营养丰富,易被人体吸收,被人们誉为"绿色牛奶",成为人们非常喜爱的保健饮料,近年发展很快,成为软饮料工业的新秀。花生饮料制作工艺比较简单,花生仁经烘烤去皮、浸泡磨浆、过滤、均质及调配杀菌后即成。花生奶是一种蛋白质、脂肪及其他固体微粒等成分分散于水中的复杂乳状液,贮存一段时间(12~48小时)后即产生沉淀、分层等现象,严重影响产品质量。因此,尽管近年我国花生奶研制发展比较迅速,但由于上述问题的存在,目前有竞争力的产品仍然较少。此外,利用部分脱脂后的花生蛋白粉研制花生奶,不但能获得品质稳定的花生奶,还获得了优质花生油,提高了花生附加值,降低了生产成本,达到充分利用花生资源的目的。利用花生奶的浓郁香味,与其他果菜汁调和,可以制作出风味各异的花生奶复合饮料,如花生核桃乳、枣汁花生乳、花生奶茶。此外,利用乳酸菌也可以生产出不同风味的花生乳酸奶。

(1)基本配方:花生仁5%~10%,白砂糖8%,单甘酯和蔗糖酯0.1%。

(2)普通花生乳饮料加工工艺流程:花生仁→筛选→烘焙或浸泡→去红衣→初磨→浆渣分离→花生乳→精磨→调配→均质→脱气→瞬间杀菌→灌装→杀菌→冷却→成品。

(3)工艺要点:①原料筛选。选择颗粒饱满、肉质乳白的干花生仁,剔除霉烂、虫蛀、酸败的颗粒及杂质。②原料处理。目前普通花生乳饮料加工对花生仁的处理有两种方法。一是浸泡法,即先将选好的花生仁清洗干净,再进行浸泡,使其充分吸水膨胀。浸泡时应将水温控制在15~20℃,不宜过高,并注意更换浸泡水。然后在去皮机上去除红衣，再用流动水漂洗，去除红衣及碎屑。二是烘焙法，即将花生米在110~130℃的条件下烘焙30~40分钟，然后去除红衣。采用烘焙法的优点是产品具有烤香味，而无"生豆味"。但若烘焙过度，会使蛋白质发生变性，导致产品中出现"豆腐花"似的絮状凝聚。③研磨制浆。成品花生乳饮料应是一种均匀稳定的乳状液体，为了达到这一要求，目前在制浆时一般研磨两次，即先用分离式砂轮磨浆机加比花生仁重7倍左右的水进行粗磨，再将所得的花生乳用胶体磨进行精磨。为了提高原料利用率，可将分离出的花生渣再研磨一次，所得的花生乳与第一次的花生乳混合后再进行精磨。④调制与均质。花生乳中油脂含量较高，为了提高产品的稳定性，防止油脂上浮和蛋白质聚沉，在调制时除了添加砂糖等调味剂外，还应添加pH调节剂、乳化剂等，常用的乳化剂有蔗糖酯和单甘酯。同时对调制好的花生乳在19.6~39.2 MPa的压力下进行高压均质，以进一步使花生乳中的颗粒微细化，并促进乳化剂与蛋白质结合。为了提高均质效果，可分别采用25 MPa和20 MPa的压力均质两次。当采用浸泡法时，为了改善产品风味，可对均质后的花生乳进行脱气处理。⑤杀菌。杀菌条件可根据产品要求的保质期长短而定，若生产当日饮用的花生乳，可采用巴氏杀菌，即30分钟/60℃；若消费市场零售，则应采用高压杀菌，其杀菌条件为15-20-15分钟/121℃，也可以在灌装前先采用90℃以上的瞬时杀菌，再进行热灌装，然后采用10-15-10分钟/121℃进行二次杀菌。杀菌后应及时冷却。

(4) 质量标准：①感官指标。呈均匀的乳白色，具有浓郁的花生香气，呈均匀混浊的乳液状，无杂质。②理化指标。可溶性固形物（以折光计）≥6%，蛋白质≥0.5%，脂肪≥1%，砷≥0.5毫克/千克，铅≤1.0毫克/千克，铜≤10毫克/千克。③微生物指标。细菌总数≤100个/毫升，大肠杆菌≤6个/毫升，致病菌不得检出。

7. 花生豆腐

结合传统豆腐的加工工艺，还可以以花生为原料生产具有花生香味的豆腐。将花生适度烘烤后浸泡磨浆，可按传统方法制作豆腐。由于花生脂肪含量高，花生豆腐的凝固比大豆豆腐更加困难，需要加入适量马铃薯粉或其他淀粉，或者采用复合凝固剂。

花生豆腐利用淀粉或琼脂的凝胶特性加工而成。因为花生中脂肪含量较高，所以在加工花生豆腐时需添加乳化剂，并进行均质化处理。这样既可以起到乳化脂肪的作用，又可以抑制花生蛋白质遇热凝固，防止淀粉、琼脂分离。这种花生豆腐具有良好的耐藏性，在冷藏库中可贮存15天，在30℃下可贮存2~5天；而且风味、色泽、口感非常好。

(1)以淀粉为胶凝剂的花生豆腐加工：①将10千克去皮花生仁加40千克水碾碎，制得38千克花生乳。②在花生乳中添加0.05%的乳化剂（重量比，下同），并在13.72 MPa的压力下进行均质。③在均质花生乳中添加1.8%的淀粉，在94～98℃的温度下加热30分钟。④将加热后的花生乳充入容器，并密封，然后在80～90℃的热水中浸泡1小时。⑤经二次加热后，立即用水冷却至15～20℃，即得花生豆腐。

(2)以琼脂为胶凝剂的花生豆腐加工：①将10千克去皮生花生仁与500克烤花生仁混合，加40千克水一起碾碎，分离后得38千克花生乳。②在花生乳中添加0.08%的乳化剂，并在13.72 MPa的压力下进行均质。③在均质后的花生乳中添加0.75%的琼脂，在94～96℃的温度下加热30分钟。④将加热后的花生乳充入容器，并密封，然后在80～90℃的热水中浸泡1小时。⑤经二次加热后，立即用水冷却至15～20℃，即得花生豆腐。

(3)以淀粉和琼脂为胶凝剂的花生豆腐加工：①将10千克去皮生花生仁与500克烤花生仁混合，加40千克水一起碾碎，分离后得38千克花生乳。②在花生乳中添加0.1%的乳化剂，并在13.72 MPa的压力下进行均质。③在均质后的花生乳中添加0.6%的琼脂和0.2%的淀粉，并在94～96℃的温度下加热30分钟。④将加热后的花生乳充入容器，并密封，然后在80～90℃的热水中浸泡1小时。⑤经二次加热后，立即用水冷却至15～20℃，即得花生豆腐。

图57　花生豆腐

附表　　　　现代花生产业优质高产栽培技术方案

时期	防治措施	靶标(病虫)	防治用药	剂量	注意事项
播种前一拌两防	基施	土壤修复	氰氨化钙（庄伯伯）	5~10千克/亩	使用氰氨化钙前6小时、中、后24小时内请勿饮酒或带酒精的饮料
			腐殖酸（氨基酸）农用微生物菌剂	40~80千克/亩	
		矿物营养	功能性复合肥（腐殖酸螯合型）	50~75千克/亩	
			颗粒锌肥	400~1 000克/亩	
			颗粒硼肥	200~400克/亩	
		根结线虫	2%阿维菌素ZC	1~1.5千克/亩	三选一
			10%噻唑磷颗粒剂（福气多）	1.5~2千克/亩	
			2%阿维菌素+8%噻唑磷颗粒剂	1.5~2千克/亩	
		茎腐病、根腐病	2.5%咯菌腈FS（适乐时）	10~20毫升/亩	任选一
			25%氰烯菌酯悬浮剂	10毫升/亩	
			62.5%精甲·咯菌腈FS（亮盾）	10~20毫升/亩	
			4.8%苯醚·咯菌腈FS（适麦丹）	10~20毫升/亩	
			12%甲基硫菌灵·嘧菌酯·甲霜灵FS（禾姆）	10~20毫升/亩	
			25%灭菌唑FS（扑力锰）	20~30克/亩	
		青枯病	选用日花1号抗青品种		
		蛴螬	70%吡虫啉种子处理可分散粉剂	60克/亩	任选一
			35%辛硫磷微胶囊ZS	400~500克/亩	
			20%氯虫·噻虫嗪WG（福戈）	16~20克/亩	
			30%氯虫·噻虫嗪悬浮剂（度锐）	40~50毫升/亩	
			70%噻虫嗪种子可分散粉剂（锐胜）	40~60克/亩	
播种后	芽前喷雾		96%精异丙甲草EC（金都尔）	100~12毫升/亩	任选一
			72%异丙甲草胺EC	200毫升/亩	
			34%氧氟·甲戊灵EC	200毫升/亩	
	芽后喷雾	禾本科杂草	5%精喹禾灵EC	60~90毫升/亩	任选一
			150克/升精吡氟禾草灵EC	50~80毫升/亩	
			108克/升高效氟吡甲禾灵EC	30~40毫升/亩	
			20%烯禾啶乳剂	60~120毫升/亩	
			6.9%精噁唑禾草灵浓乳剂	50~70毫升/亩	
	芽后喷雾	阔叶类杂草	25%噁草酮EC	100~150毫升/亩	任选一
			24%乙氧氟草醚EC	40~50毫升/亩	
			50%丙炔氟草胺WP	6~8克/亩	
			50%扑草净WP	100~150克/亩	
		莎草科	480克/升灭草松水剂	150~200毫升/亩	任选一
			240克/升甲咪唑烟酸水剂	20~30毫升/亩	

（续表）

时期	防治措施	靶标（病虫）	防 治 用 药	剂　量	注意事项
苗期至结荚期	喷雾	病毒病	4% 嘧肽霉素水剂	400 倍液	任选一
			6% 宁南霉素水剂	400 倍液	
			20% 盐酸吗啉胍 WP	500 倍液	
			0.15% 芸苔素水剂	0.2 克/亩	任选一
			0.001% 羟烯腺·烯腺 WP	20～30 毫升/亩	
			腐殖酸（氨基酸）水溶肥	800～1 000 倍液	任选一
			98% 磷酸二氢钾	500～600 倍液	
		蚜虫、蓟马	22% 噻虫·高氯 ZC（阿立卡）	3 000 倍液	任选一并轮换喷药
			70% 吡虫啉 WG	5 000 倍液	
			10% 啶虫脒 WG	5 000～6 000 倍液	
			25% 吡蚜酮 WP	1 500 倍液	
		红蜘蛛	57% 炔螨特 EC	1 500 倍液	任选一并轮换喷药
			11% 乙螨唑 SC	1 500 倍液	
			75% 克螨特 EC	1 000 倍液	
			20% 螨克 EC	1 000～1 500 倍液	
			5% 噻螨酮 EC（尼索朗）	800～1 000 倍液	
			25% 三唑锡 WP	1 000～1 500 倍液	
			20% 氯虫苯甲酰胺 SC（康宽）	1 500 倍液	
			20% 氟虫双酰胺水分散颗粒剂	4 000 倍液	
			20% 氯虫·噻虫嗪 WG（福戈）	8 克/亩	
			30% 氯虫·噻虫嗪 SC（度锐）	2 000～3 000 倍液	
		疮痂病、褐斑病、黑斑病、网斑病	30% 苯丙·环唑 EC（爱苗）	1 500 倍液	先喷醚菌酯类，后轮换喷施其他药剂
			25% 醚菌酯 EC（阿米西达）	1 500 倍液	
			10% 苯醚甲环唑 WG（世高）	3 000 倍液	
			20% 烯肟菌胺·戊唑醇 WP（爱可）	3 000 倍液	
			43% 戊唑醇 SC	1 500 倍液	
播种后出苗前喷地面处理土壤		白绢病	24 克/升噻呋酰胺 SC（满穗）	100 毫升/亩	任选一
			50% 咯菌 WP（卉友）	18～24 克/亩	
			25% 啶菌噁唑 EC（思菌奇）	60～80 克/亩	
			50% 乙霉威·多菌灵 WP	100～120 克/亩	
			400 克/升嘧霉胺 SC	100～120 克/亩	
			50% 烟酰胺 WG	60～80 克/亩	

注：EC 为乳油，WG 为水分散粒剂，WP 为可湿性粉剂，SC 为悬浮剂，ZC 为微囊悬浮剂，FS 为悬浮种衣剂